我允许
万事万物如此开始，如此发展，如此终结
因为我知道
一切来自因缘
发生皆是必然
若我质疑抑或否定
受伤害的只有自己
我唯一能做的
就是允许

我允许
每一种情绪，任其发展，任其消散
因为我知道
情绪只是生理的感知
本无好坏
若我抵触抑或抗拒
受伤害的只有自己
我唯一能做的
就是允许

我允许

我本如此，如此行事，行我所行

因为我知道

外在只是自我的积淀

真正的我，智慧充盈

若我对此不再坚信

受伤害的只有自己

我唯一能做的

就是允许

我知道

我是为了当下的生命体验而来

在每一个当下，我唯一要做的

就是完全地允许、充分地经历、彻底地体验、尽情地享受

静静地看着，只是看着

然后，允许一切发生

——《我允许》

[德]伯特·海灵格 著

张书凡 译

我对生活的态度一向如此，随心随性，

不屑于活在他人的舌尖上，只为自己做决定。

我想过一种

只悦己、不悦人的生活，

不求理解，但求无愧于心。

虽然我认同工作是谋生，

但总觉得人应该在可选范围内，

做自己喜欢的事，奔走在热爱里，

才能不那么紧绷和焦虑。

你要成为那个

给自己雪中送炭的人。

我想人总是这样，

被迫去做事总是心不甘情不愿，

若是自己认定的事，吃多少苦、流多少汗都甘之如饴。

人间是一个巨大的游乐场，

我们在其间闯荡，不问前程，

只为体验，只为成长，

只为尽兴一场。

在我心里亦有一杆衡量意义与标准的秤，

世俗之见与我无关，孰重孰轻，我自有判断。

爱德华·蒙克（Edvard Munch，1863—1944）

挪威表现主义画家、版画复制匠，现代表现主义绘画的先驱。

其主要作品有《呐喊》《生命之舞》《卡尔约翰街的夜晚》。

允许一切发生

过不紧绷松弛的人生

李梦霁 著

苏州新闻出版集团
古吴轩出版社

图书在版编目（CIP）数据

允许一切发生：过不紧绷松弛的人生 / 李梦霁著
. -- 苏州 ： 古吴轩出版社, 2023.4（2023.7重印）
ISBN 978-7-5546-1792-2

Ⅰ. ①允… Ⅱ. ①李… Ⅲ. ①人生哲学－通俗读物
Ⅳ. ①B821-49

中国国家版本馆CIP数据核字（2023）第033259号

责任编辑： 顾　熙
见习编辑： 张　君
策　　划： 常晓光
装帧设计： 车　球

书　　名： **允许一切发生：过不紧绷松弛的人生**
著　　者： 李梦霁
出版发行： 苏州新闻出版集团
古吴轩出版社
地址：苏州市八达街118号苏州新闻大厦30F
电话：0512-65233679　　　邮编：215123
出 版 人： 王乐飞
印　　刷： 天津旭非印刷有限公司
开　　本： 880×1230　1/32
印　　张： 7
字　　数： 101千字
版　　次： 2023年4月第1版
印　　次： 2023年7月第5次印刷
书　　号： ISBN 978 7 5546-1792-2
定　　价： 52.80元

打开自己，永远坦诚，允许一切发生

序言

“能够做到打开自己，永远坦诚，是一种慷慨，也是作为一名写作者的必需。”

前几年，我受邀去北京人大附中做 TED^{X} 演讲，讲过这样一句话。

两年后，晓光说，写写你这些年的故事吧，或可给年轻的读者一些启发。

晓光是我刚毕业时认识的姑娘，那时她也刚毕业。同为职场新人，我们一起上下班，一起点外卖，熬过了最迷茫、最艰苦的岁月。

后来，我们相继离职。再次相见时，我们都过上了满意的生活，算得上“在更高处相逢”。

我总在想，从 20 岁到 30 岁，我的生活发生过哪些改变，经历过怎样的淬炼和重生。

回望过去，我更加确信：生活的确需要许多智慧，才能换来现世安稳、岁月静好，但只要有一点点的贪心和愚蠢，它就会立刻变成一团乱麻。

我曾深陷“乱麻”之中，进退两难，却也都咬着牙，从困局中走出。

时间是抚平一切的良药，困顿不安时，唯一能做的，是给自己一点时间。

你要相信，所有疼痛，终会过去。

或许旁人看不出，但它留在你心底的山川沟壑，会让生命越来越有韧性。

十年踪迹十年心，我如实记录，想给匆促时代的年轻人一点治愈和温暖。

从前不大喜欢将自己的心事摊开来讲，所以写传记，躲在他人的故事里抒发自己的情感。

2015 年盛夏，某篇文章一夕爆红，微博霎时涌入 10000 名粉丝，我的第一反应，是删去过往 4000 多条微博。

我渴望拥有隐私，渴望与人群保持距离，在盛大的名利面前有甘心后退一步的克制。

第一本书《一生欠安》上市，作者简介仅一句“现居香港”，读者纷纷揣测我“年过半百”“遁世隐居”。彼时，我 21 岁。

一向如此，鲜少发朋友圈状态，私事不过多提及，回避热闹，不热衷“网红时代”的滤镜下的生活，也尽量远离“虚假精致”。

改变的发生源于一部爱情剧。

女主角是一位“拼命三郎式”女强人，事事争先，年纪轻轻就晋升副总。她的男友因无法承受“女强男弱”的差距，落寞地与之分手。后来她遇到另一个男孩，便收敛光芒，自称“失业的餐厅服务生”，不久身份暴露，她向男孩表白：小时候大家夸我学习好，现在夸我事业好。我之所以努力，就是担心自己一旦不优秀，就什么优点都没有了。我活得很累、很辛苦，花很大力气去迎合这个世界，害怕大家不在乎我、不认可我，不觉得我重要。但你不同，你看待事物很单纯，从不刻意迎合。你让我觉得，不过度展示自己，也可以收获欣赏。就算我引以为傲的所有优点通通消失，你依然喜欢我，喜欢原来的我，而不是那个上进、优秀的副总。

剧中人的心声，与我若合一契。

我从 10 岁起，在报纸上发表文章，曾收到读者来信“讨伐”；互联网时代，“网络恶评”变成家常便饭，时有批判文章，时有人身攻击——既然吃写作这碗饭，受人审视、评判原是自然的事。

删去微博，鲜少表达，担心因观点不周全、不正确而遭奚落，大约是年少入行养成的小心翼翼。

我很庆幸，能够遇见接纳我全部无知与傲慢的人，让我拥有勇气和底气打开自己，不再逃避，于是有了这本书。

爱你的人，不因你完美。

过去或许稚嫩、莽撞、愚蠢，却都是一部分的我，我的一部分。把它们摊开来，揉碎了，放在阳光下晾晒，是一种慷慨，更是一种成全——我终于和那身逆鳞完成和解。

书中坦陈所有脆弱、纠结、不完满——年少成名的红利与辛酸，锋芒太盛以致落难，面对爱情的摇摆和错付，原生家庭的对峙和羁绊，职业生涯的重创与重生……这本书的时间跨度很长，从懵懂少女到年近而立，有偏执，有迷惘，有剧痛，和书页前的每一个你一样。

“水千条，山万座，我们曾走过。”

所有坚持，终将美好。

我尊重过往的一切，走错的路，说错的话，爱错的人——是他们，成就了此刻的我。

这一次，我只书写自己，以赤诚，以慷慨，以慈悲。

你可以把这本书当成女孩的枕边细语，碎碎念着这一代人独有的烦恼与领悟，它因为彻底真诚，而值得被留在你的书架，陪你度过某个孤寒的深夜。

感谢我的闺蜜、青年作家夏至为我作序，用文字呈现更加真实、完整的我。

感谢百万畅销书作家李尚龙、老杨的猫头鹰、慕容素衣为本书倾情推荐。他们才华横溢，笔耕不辍；优秀的人是一条渡你的河，他们的认可对我意义非凡。

感谢因写作结缘的良师益友：王路、苏见祈、简儿、中央广播电视总台小马哥、北京文艺广播主持人靳桥、喜马拉雅“百大主播”小默、《山西日报》记者安奋伟、策划编辑常晓光。我所有作品的成绩，都离不开他们不遗余力的支持和帮助。

感念每一位读者，感恩所有际遇，愿我在文学这条荆棘路上，永远毅然向前，永远热泪盈眶。

李梦霁

2022 年秋，于西双版纳

生是体验，不是活着

推荐序

我对梦霁的印象始于标题的八个字，彼时她是我的编辑，在不断接触中才发现，她同时还是英文笔译、口译老师以及中国科学院大学在读研究生。她为我带来惊喜的并不仅仅是以上文字罗列出的身份，还有谈吐、见识以及格局。很少有像她一般年纪的女孩如此聪慧明澈，我想这正源于她所经历的一切，这一切对她来讲恰恰便是：生是体验，不是活着。

这种体验自然包括诸多经历：写公众号、去加拿大读书、旅行欧洲，再到后来作为交换生去牛津大学。短短几年，她的经历丰盈多彩，这自然令人羡慕，但若对梦霁了解得足够深，便会知道这丰盈的经历的背后又是怎样的沧海桑田。她的经历如同一条锦缎，而织就这条锦缎的，却是她艰辛地跋涉、孤独地审视，还有不懈地坚持。梦霁走过荆棘路，才最终实现了她的梦想。欲戴王冠，必承其重，她付出了多于旁人几倍的汗与泪，才换来了如今的生活。这些点点滴滴都记录在这本书里，这些文字也因为坦诚和真实而显得难能可贵。

她的文字是凛冽的，又是温柔的；是清醒的，也是温暖的。我在读这本新书时常常感到震撼，年岁中的成长令她多了一股劲儿，这股劲儿里暗含勇气与自信、敏锐与通达，字里行间皆透着灵气，仿佛楼群中的灯火、深夜中的远星，抚慰心灵，指引方向，令人充满力量。

她在《一生欠安》中写15位中国女子，在《这一生关于你的风景》中写11位西方名媛，识人知世，对爱情的通达早已超过同龄人，她的爱情观却是极不世故的一句话：生而为女性，纵然不能决定怎样生，怎样死，却可以决定怎样活，怎样爱。我没有温柔，只有这点英勇。

我认识的梦霁，永远不妥协。

无论是裸辞去欧洲旅行，还是走上纯文学之路，抑或是在面对人生伴侣的抉择时，她都没有考虑世俗的眼光和旁人的口舌，而是无比坚定地选择心之所属。自然会有困扰，只是她想要的从来都不是活在别人设定的框架之中，而是遵从内心牵引，无畏地追求自由。也只有自由的人生，才能令她写出如此洒脱清透的文字。她像飞向天空的鸟儿，即使知道要经受风雷雨电，还是一头扎进去，去寻找她心中的向往。

步步荆棘，步步莲花。

她不断地打破自我，重建一个更稳固、更壮丽的精神世界。这需要决心，更需要胆魄，所幸她从未停下过追寻梦想的脚步。在霭霭红尘里漂泊挣扎，也在浩荡山河中奋勇前行，书中的十年，见证了她一步步走向美好。

不必试图获取完美而珍贵的东西，当你变得足够好，那些东西自然就奔你而来。尽情体验生活吧，体验惬意、愉悦、迷茫甚至痛楚——换来的，是比金子还要宝贵的人生。

作家 夏至

目 录 Contents

章二 慢慢相遇，得到就珍惜，失去就忘记

我们这一生会遇见许多人，但真正美好的相遇少之又少。喜欢就争取，得到就珍惜，失去就忘记。

章三 真正的强大不是对抗，而是允许和接受

愿你乘风破浪，跋山涉水，也愿你浪漫一生，细嗅蔷薇。

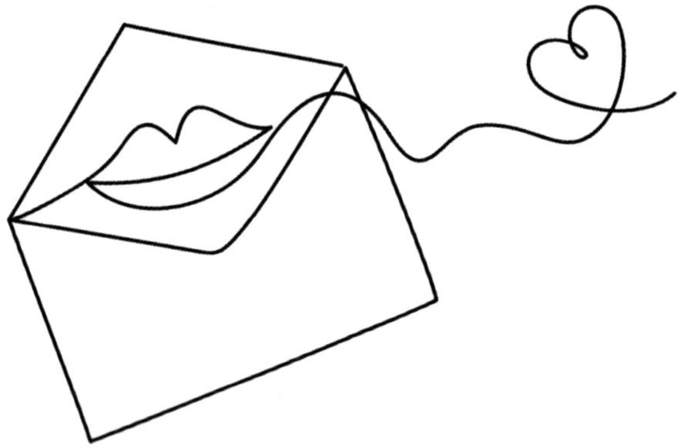

章一　允许一切，如其所是

弗兰克尔在《生命的探问》里说：“我们不要忘记，虽然每个人都是不完美的，但是每个人都在以不同的方式不完美，每个人都在‘以自己的方式’不完美。每个人虽然都不完美，但却是独一无二的。”找到自己世界的节奏，不去追赶，只去到达。

允许一切发生，是我想要的松弛感

算来我“北漂”已是第七个年头了，回首向来处，撞过南墙受过伤，也收过鲜花、喝彩和掌声，但我总以为，**人间是一个巨大的游乐场，我们在其间闯荡，不问前程，只为体验，只为成长，只为尽兴一场**——这就是我想要的松弛感。

01 松弛感是为自己的人生做决定

和其他“北漂”不同，我来北京是因为离家出走，不是为了追求梦想。

我在广东读本科，学校里九成学生都是本地人。最优秀的一批学长学姐们本科毕业就匆忙“杀”入职场，有人创业当老板，有人三年做到业务主管，有人常年全球飞、住五星级酒店，令我等后辈好生羡慕。我们深受其影响，坚信“学而优则贾”。

在这样的文化土壤里，选择继续深造，似乎不是最优解。

4 年大学读完，我无论如何不想在象牙塔里继续“蹉跎岁月”了，各行各业的实习做了 5 份，只想尽快进阶，当上“都市白领丽人”。

但我爸妈都是高级知识分子，非常看重学历，不远千里把我从广州薅回家，按头让我复习。

复习了没几天，实在啃不动那几本厚书，年少轻狂，我跟他们俩“道不同，不相为谋”，毅然离家出走，来了北京。

我对生活的态度一向如此，随心随性，不屑于活在他人的舌尖上，只为自己做决定。

离家那天起，得失输赢，苦与乐，才真正有了分野。

人生这盘棋，从今往后，没人能替我下了。

我在凛冽的北风里，一夜长大。

02 松弛感是活在自己的热爱里

刚来北京，我借宿在表哥家，表嫂临盆在即，不大方便，一周后，我搬出来，住天通苑。

三居室，我住朝北的一间。

房屋很新，但入住后不知为何经常头疼，后来才知是甲醛超标。

半个多月后，我谋到一份出版工作，公司不大，在望京，需坐 1 小时地铁，不算远。

但天通苑居住人口巨大，据说工作日每天有 50 万人出行，单是早高峰进地铁站，就要排队 40 分钟。

公司要求早上 9 点到岗，但如果 7 点出门，撞上早高峰，必然迟到。为了错峰，我 5 点 45 起床，匆匆洗漱，6 点出门，7 点半就来到工位。

我们在一幢别墅里办公，环境宜人，午休时，在别墅区里溜达溜达，看花、喂猫、晒太阳。

只是周围小饭馆很少，午饭只能常年吃外卖。为了减少开支，我每晚做好次日的午饭，装在书包里，第二天带到公司，加热来吃。

但我其实不太会做饭，打开饭盒，经常发现茄子还生着、鸡翅做咸了、金针菇没味儿……只能勉强充饥。

每逢月底，人事部的同事会在楼顶天台给当月生日的小伙伴们举办生日会。

年底开年会，老板和总监们大方，红包都奔五位数去。

可能因为每天到岗太早，我很快就升职、涨薪。顶头上司说："你是全司升职最快的员工。"

我负责的第一本外版书，是托朋友介绍他北大的学妹来当翻译的。她是第一次当译者，我是第一次当编辑，最后那本书竟销售了 10 万册。不断加印、再版，许多年后还能在书店找到那本书的踪影，令人欣慰。

那时，我的同学们纷纷闯入互联网行业，月薪是我的 2 倍，偶尔相聚，总会劝我入局。

虽然我认同工作是谋生，但总觉得人应该在可选范围内，做自己喜欢的事，奔走在热爱里，才能不那么紧绷和焦虑。

03 松弛感是学会宠爱自己

我总觉得，钱不是省出来的，是挣出来的。

主业驾轻就熟后，我也想着拓宽副业，毕竟经济基础决定上层建筑，我想让自己过得更舒服。如果为了热爱的事业，家徒四壁，食不果腹，那也算不上爱自己。

在朋友的介绍下，我顺利进入一家全球英语培训机构，做线上口语老师。

彼时我还住在天通苑，因为之前的房子甲醛超标换到了顶层，只有 3 个邻居，但室内面积更小了。每晚 8 点到家，还要做饭，忙完倒头就睡，只能趁双休日，从早到晚地上课。

我算了笔账——因为有了课时费，时间比从前更加宝贵，是真正的“一寸光阴一寸金”。时值盛夏，某个夜晚突然屋顶漏雨，把半张床都打湿，我顺势搬到望京去了。

租金涨了不少，于是我更加勤勉地上课。

下午 6 点下班，20 分钟到家，不吃晚饭，只当减肥。

我掐着时间 6 点半准时上线，5 节课，11 点半下线，嗓子里像有锅炉在烧。

那段时间我不再加班，每天都步履匆匆地奔跑在地铁 14 号线，我从没觉得辛苦，只是庆幸不必在天通苑挤早高峰。

半年后，我终于攒够钱，买了一辆小小的雪佛兰。

爱自己，从来不是纵容自己的懒惰，而是适当自律，为了更广阔和自在的人生放弃短暂的行乐。

望京的房子老旧，楼层低，有数不清的蟑螂。

睡眼惺忪的早晨，拉开冰箱门、打开微波炉、拎起垃圾袋……它们无处不在，让人瞬间睡意全无。

某天傍晚回到家，发现整个小区都停电了。

课也没法上，邻居也都没回家，我坐在床上，想象满屋的蟑螂向我围拢而来，把自己吓得够呛。

收拾好小包袱，火速在一家五星级酒店订了房间，奢侈地打了车，半小时后，我已泡在酒店温暖的浴缸里了。

后来跟朋友说起，我曾因为害怕蟑螂，花了半个月工资，在家附近的五星级酒店住了一晚，朋友对我肃然起敬。

我不心疼钱，我心疼自己，何况钱好挣，快乐很难。

大多数人其实并不经常遭遇坏事，倒霉的时候总归短暂，那就应该在最痛的时候好好拥抱、疼惜自己，否则平日里哪有那么多机会，对自己大献殷勤呢？

你要成为那个给自己雪中送炭的人。

04 松弛感是允许自己停下来

没过多久，我收到来自行业头部公司的邀请。我选择跳槽。

第二家公司规模大、制度成熟、组织架构完善，我迅速成长，无论是业务能力，还是职场心态，终于完成从“学生”到“社会人”的强力转型。依托更大的平台，为今后的写作事业奠定坚实的基础，结识了众多作家和媒体人，他们一直给予我榜样的力量和无私的帮助。

我从没后悔过当初的决定。这是我职业生涯中非常有远见的一次跳槽。

只是那时我身心俱疲，于是再次出走，提出裸辞。

知止常止，急流勇退，纵是在 25 岁——最适合拼搏奋斗的年纪，我依然允许自己停下来，坐一会儿，歇一歇。

裸辞之后，我在欧洲漫无目的地游历，写就《这一生关于你的风景》。

这本书很不顺利，花了将近 5 年才定稿，却没公司愿意出版。市场看重“热度”，我却像一个老工匠，一字一句打磨手艺，追不上风云变幻的图书行情。

曾经的约稿编辑纷纷婉拒了我的新书，跟我关系最好的一个悄悄说：主编说你过气了。

从没当过明星，居然也会“过气”。

我倒是不生气，写作是放长线，急不得，做了几十页毛遂自荐的策划案，一边慢慢物色出版公司，一边又逐字修订。

对于写作，我也允许自己停下来，歇一歇。

《这一生关于你的风景》上市后，我妈怕我压力太大，时常来电探问我的精神状态。

我其实很满意，这本书能顺利出版已是胜利，加上身边的亲朋好友解囊支持，不遗余力地帮我宣传推荐——我先后做客中央人民广播电台、北京文艺广播宣讲新书——书的销量一路高歌，攀上新书榜单前十名。

有此成绩，我很知足。

更重要的是，我笃信这本书具有长久的生命力。

《一生欠安》写于18岁，凛冽、桀骜、愤世嫉俗，正是常常在深夜痛哭的年纪。写爱而不得的女人和轻诺寡信的男人，对待感情，满纸质问。文字表面克制，内里尽是激烈、尖锐的对峙。

《这一生关于你的风景》上市时，我快30岁了，饿过肚子，赔过笑脸，见惯别离，饮过苦酒，习得包容和慈悲，懂了世人皆苦。戒了情绪，只把书中人的不得已都剖开来，给你看。

我依然深爱着笔下的人物，但除了鸣不平，更试图回到“案发现场”，探寻另一种改写结局的可能——是怎样的局限使她们无法圆满？作为看客的我们又能否幸免？这本书凝结了我此时全部的智慧。

欣喜自己的成长，也能坦然面对所有读者的喜欢——我尽力了。

停下来，是为了更好地出发，休整了几个月，我重返职场。

05 松弛感是不悦人，只悦己

从欧洲回来，进入一家出版社，在这里才明白，父母当年按头让我考研之明智。

我开始暗无天日地复习，准备考研。

我想人总是这样，被迫去做事总是心不甘情不愿，若是自己认定的事，吃多少苦、流多少汗都甘之如饴。

本科毕业时啃不完的厚书被我重新拾起。白天工作繁重，夜晚焚膏继晷，终于我以第一名的成绩成为中国科学院大学在职研究生，在读期间还被评为“三好学生”和“优秀学生干部”。在职研究生如期毕业。

我搬了好多次家，最终搬到三环里的一居室，没有了合租的邻居。

不久，我终于买到一间属于自己的小房子，自此之后，我的租房生涯彻底结束。

生活本应进入平稳的轨道，我却再次裸辞。

因出版社业务调整，我转岗去做行政，日常工作包括订盒饭、领盒饭、送盒饭，负重极限是 10 盒菜、10 盒主食、10 个火龙果加 10 个 100ml 酸奶，持之以恒 4 个月，胳膊上都练出了肌肉。

公司楼下有台不大好用的扫描仪，我其中一项工作是一张一张地扫描文件，每扫描 5 张卡一次纸。

500 页的文件，我站在旁边，5 张一接，5 张一接，接到第 100 次就大功告成。

“嗡”“嗡”——纸张从机器“嘴”里吃进去，又从“脑袋”上吐出来。

我总觉得它吃进去的是我的青春。

工作 4 年，我热爱这个单位，喜欢我的领导和同事，它也给予我所有的体面和自由——办公室和家在同一小区，每天中午能在家午休；工资与毕业时相比翻了 5 倍，下午 4:45 就下班，有时间创作、充电；单位为青年员工提供了很多学习、进修、见世面的机会，我作为青年业务骨干，讲座、培训、汇演从不缺席。

但这些“羡煞旁人”的外在条件，都抵不过日复一日的庸常。我感觉自己被困住了，不再成长，不再创造，在舒适圈里画地为牢。

于是，28 岁，衣食无忧的我，辞去光鲜的工作，在就业的凛冬放弃了“背靠大树”的温暖。

我走在北京长长短短的街巷里，看这 7 年不曾驻足观赏的“北平之秋”；走进大大小小的博物馆，听穿越千年的琉璃光盏中盛满的历史之音；在高高低低的寺庙、道观，磕长头祈求身心清洁，不惹尘埃。

我来到彩云之南的西双版纳，一个人漫步在郁郁葱葱的原始森林，感受深秋的炽热与神秘；在吊脚楼里和傣族少女锻打一柄雕花的银梳，听她讲傣族的风俗习惯；进苍蝇小馆点一碗地道的撒撇米线，跟厨师小哥聊聊他心中的“西双版纳美食地图”。

我回到生我养我的故乡，给耄耋之年的奶奶洗头、更衣、洗脚。奶奶把我养大，但我以前从来没有为她做过这些，我更没有想到，她已然衰老至此……和爸妈一起逛街、吃日料，想带他们去所有我去过的地方，听他们讲大半生所有的不开心与不甘心，单是陪伴，已是奢侈。与多年未见的老友相见，在时过境迁里，感受彼此从未改变的真诚和祝愿。

我想过一种只悦己、不悦人的生活，不求理解，但求无愧于心。

在我心里亦有一杆衡量意义与标准的秤，世俗之见与我无关，孰重孰轻，我自有判断。

有人说，高级的人生充满松弛感。以我有限的阅历而言，松弛感无非是：为自己做决断，生活在热爱里，爱自己并允许自己停下脚步，最终活成自己喜欢的样子。

当你内心足够笃定时，便不会过度纠结，自我消耗。

姑娘们，大方勇往直前。

生活在别处：热爱可抵岁月长

本文作于2020年1月，整理成书时，回头看，不禁感慨良多。

牛津大学交换生课程分为两期：一期1月26日开班，二期2月10日开班。我们3个中国科学院大学的小伙伴，经过层层选拔，终于入围一期，约好同去牛津大学——数学所的光哥、物理所的东哥，还有公管院的我。

想着早点去英国还能玩几天，1月22日，我和光哥从北京出发，东哥1月23日从武汉出发。二期大部队多是来自清华、同济等高校的同学，他们2月9日出发。

没想到22日，我们仓皇出行；23日上午10点，武汉“封城”；25日，牛津大学宣布取消二期课程。

后来，只有我和光哥，还有其他学校零零星星的小伙伴顺利结业，而东哥等大部分学生，因为这场突如其来的疫情，或许一生都没有机会再去牛津大学进修。

疫情发生时，我们正在牛津大学如饥似渴地学习，对国内情形的了解仅限于手机上冰冷的数字。老师安慰未能出行的同学们：课程延期到暑假。后来课程又延期到次年寒假，最后直到许多同学都毕业了，也没有成行。

我想这世间，有太多人、事皆是如此，错过的时候我们并不知情——有些错过，即是一生。

01　相信是一种选择，伤害也是

来牛津大学前，我正在经历一场非常疼痛的变故。

无关风月，只是一些友人间的龃龉，或者说，因不辨敌友招致的恶果。

为此，鲜少生病的我大病一场，卧床六个昼夜，几乎不眠不食，而后拖着病体，开始艰难的长途跋涉。

在此感谢挚友，把高烧昏迷的本独居青年从停电的出租屋架到医院，拿了药，又扛我回家，安顿我吃完形状各异的药片才走。

赶在疫情暴发前验了血，等结果时在想，何必置气呢，活着已经很好了。

所幸，上苍厚我，是阴性。

年纪渐长，对自己愈发苛责，容错力持续走低，自认为已足够聪明，能过滤和远离欺瞒、背叛、阳奉阴违。不承想，还是会被长久深信的人伤害。

无数个午夜梦回，自问何以至此，只得出“轻诺寡信和出尔反尔大约是人性”的结论。

人呐，年纪越大越不经骗，因为会陷入疯狂的自我怀疑——识人眼光之差、轻信旁人之愚，竟十几年如一日。

你会不会也有这样的时刻：哪怕所有人都说不是你的错，但无法避免地自我否定。

你知道，相信是一种选择，伤害也是。

是你亲手递给对方匕首，然后露出软肋。

却赌输了。

做小孩时以为长大就好，长大后呢？明天呢？

信任原本就难，重建更难，并且在这件事上，没有人可以帮你。

02 每一种选择，都值得被尊重

负重来到牛津大学，此行却是治愈的。

英国与国内恰好昼夜颠倒，终于得空喘息，不再谈论故人旧事。

换了当地号码，关了微信，整天和牛津大学的老师、助教、学生待在一起，听他们讲随心所欲的人生规划，恍然生出一种感动。

人生本不必那么严肃。

公共演讲课的老师年逾花甲，举手投足都是英国绅士的风范。从牛津大学本科毕业，去当园丁——不是教师，而是田间莳花弄草的真正园丁。他讲起植物的药性头头是道，只因喜欢。后来他经历了辞职读书、创业等奇遇，56 岁换了工作，来牛津大学做讲师。

助教威尔 20 岁出头，会几种语言，在许多国家生活过，待腻了，就换一个城市，有时在酒吧当调酒师和服务员，有时做学校助教和 HR。他计划 4 月去伦敦，我问他去做什么，他说“I have no idea（我不知道）”。

讲莎士比亚的女老师，30 岁辞去小学校长的职务，重返牛津大学，拿了 4 个博士学位，她笑称：我只是喜欢读书，或者喜欢收集学位罢了。

没有“在什么年龄做什么事”的限制，没人规定你应该读大学、结婚、养孩子、还房贷。

没有“你应该”，只有“我喜欢”。

只要在做自己喜欢的事，就是美满的一生；如果能对社会有一点贡献，那就是很大的成功。

而我们有太多人，被世俗和偏见裹挟着向前，以为符合主流的选择就是正确的，可是，过别人眼中光鲜优渥的人生，是你真正想要的吗？

这是你的人生，为何要被别人的目光和口舌决定？

我中学时看过一部小说，里面写："这是我自己的选择，是对是错，我自己担着。"

如果可以，请像那句歌词所写的："保持本色和少年的心气。"

知易行难，面对社会时钟，面对不断催促的亲友，假如每个人都能更加坚定一点，我们或许可以改变这个时代，拥有一个更加宽容的、不被世俗眼光所囚禁的社会语境。

每一种选择，都值得被尊重。

只要坚持，总会到达。

03 生活在别处

在牛津大学，身边的同学大多是来自五湖四海的本科生，"00 后"居多，有的还未满 18 岁，酒吧都进不去。和孩子们朝夕相处，驱散了我连日来心头的阴霾。

他们的想法简单，不设防，待人接物没有功利心，自由美好的大学生活徐徐展开，这正是无忧无虑的好年华。

他们甚至不必期待未来，因为他们本身就是未来，就是希望。

有关职业的社会身份完全消解，没有人关心你在哪工作、婚否、买房否、升职否、年薪高低，每个人都有一双渴望知识、贪恋风景的眼睛。

在这里，你可以重新认识自己，定义自己，调适或者打破自己。

不必畏首畏尾，不必为人生设限。

正如一直自视为重度“社恐”患者的我，在学弟学妹眼里竟然非常擅长社交；又如谁能想到，我在全球顶尖教育机构做了 4 年口语老师，情急之下还是会结巴，交流全靠比手画脚；曾与巴黎、芭堤雅的小偷斗智斗勇的经历，助我在大英博物馆背后的小巷里，一边跟朋友唾沫横飞地吹牛，一边识破了偷我包的贼，反应之敏捷把贼都吓了一跳，一如既往地贯彻我的“人生信条”——骗我感情可以，骗我钱的绝不姑息。

牛津市长的讲座结束后，我拉着他提问，他说听了那么多市民的抱怨和投诉，我是为数不多对他表示感谢的公民；梅根博士来上第一节课时把自己反锁在洗手间，我去喊来领队才把她解救出来，开锁用的竟是一张信用卡；帅气的拥有牛津大学学士学位的英国领队曾被酒吧开除，并被终身禁止进入酒吧……

荒唐的、有趣的、匪夷所思的事太多，满足我关于“生活在别处”的全部想象。

你看人间如此生动，不必为不值得的人、事、物花费心血，也不必因任何污浊和不堪而怀疑自己，要把时间浪费在美好的事物上。

趁还有能力做梦，好好思考“想成为的自己”和“想要过的生活”，然后一点一点努力实现它。

活一世，不要白白为人。

无论人间值不值得，你都值得。

年轻过，迷茫过，
我对生活一往情深

01 我终于放过自己了

2018 年我从欧洲回来，报考中国科学院大学的研究生；2019 年 6 月公布了“拟录取”名单，我的总分位列学院第一名。努力总算没有白费。

看了场 CBA 四分之一决赛，上回看现场还是跟我爸一起，在太原，马布里还没退役。

连着几个周末逛了北京的公园，玉渊潭的樱花节、植物园的桃花节，都恰逢其时，虽是人山人海，但良辰美景，也算不虚此行。

打卡美食榜单，吃到据说是全北京最好吃的粤菜、湖北菜、台北菜、羊蝎子和串串香，喜悦更多来自与老友相聚。

看人艺老戏骨演的《哈姆雷特》。谢幕时，胡军从幕后一身飒爽地跑来，恍然有种“是乔峰啊”的穿越感。

学会了几道新菜，厨艺从家常素菜进阶到小试荤菜，也可以勉强张罗着几口人吃饭。

倒春寒里，带我妈去泡温泉，跟老同学去红螺寺求签，赶在闭馆前的最末一天看吴冠中画展，和在巴黎屡屡奇妙偶遇的校友重逢，花两个小时从北城到南城找闺蜜谈心。

当然，在种种“不务正业”之外，也有一份值得珍视并努力为之创造价值的工作。毕业三年，“去上班”终于变成一件值得期待的事。

2019的第一个季度，充实且自在。

“我终于放过自己了。”

02 日子是自己过，松弛与否，眉头知道

熟悉我的读者大概猜得到，我不是容易快乐的人。

20 岁后，被生活推搡着往前走，主调是听天由命。

当你在不知不觉中接受了“苦才是生命的常态”时，本身就是挺辛苦、挺危险的一件事。

我花去 5 年的时间，才重新学会爱自己。

不攀比——“穿香奈儿才显得高级”，不在意别人眼里的模样——“25 岁买房买车就能惹人羡慕”，不追求旁人口中的体面——“有一个‘高富帅’做男朋友才值得向闺蜜炫耀”……

这些都太过表面，只能带来短暂的快感和荣耀，**日子是自己过，舒适与否，松弛与否，心知道，眉头知道。**

我写公众号，不煽动情绪，不鼓吹励志，不帮你分析“有下述表现的男友不能要”，也不呼吁年轻女生榨干青春买口红、买包。一来我自己也没活明白，再者我过着低物欲的生活，实在没觉得那些有多重要。

亲爱的，心外无物，善待自己，才是一生浪漫的开始。

“内卷”时代，我想和焦虑的年轻人分享两句话，这是我写在台历上，时时提醒并宽慰自己的话语。

其一是，任何事情都不止一种解决方式，别逼自己；其二是，只有事业、爱情、父母、朋友、健康、财富各方面都良性发展，才能得到真正的快乐，快乐是平衡，而非舍弃任何一项换取其他。如今，我对“变化”有了更大的接受力。

接受万物皆变，此刻的想法和心境，可能在下一秒就改变，关系也好，态度也好，皆如是。

我写《一生欠安》时，替原配们鸣不平：“曾经的誓言都是谎言吗？”现在逐渐理解，人的想法总是会变的，只要誓言在说出口的那一刻发乎真心，就请珍惜时间善待彼此，即便“等闲变却故人心”，但曾经拥有过赤诚，也就没什么可惜。

悲观不是薄情，是更加珍惜眼前人。

我总希望有一个人，能让我在抽奖抽中双人话剧票时，不用把另一张卖掉；休息时可以陪我一起逛逛奥森公园；当我从餐厅洗手间回来时，不会发现餐具已被服务员收走……

我一个人，已经太久太久了，一个人吃火锅、看电影、旅行、做手术。

涉过漫长的孤独，我对旁人没有要求，也不寄希望，正如我对自己也不设标准——身体健康，时常开心，过好一个普通人平凡安稳的一生，已经很好了。

我们所有的努力，最终都是为了好好生活。

03 正能量带给我们的真正意义

刚入职场，我旁听过一场对谈。

一名心理医生给一位出版前辈做心理咨询，两位女性年纪相仿，气质迥异。

前辈是女强人气场，冷傲孤清；心理医生慈眉善目，未语笑先闻。

两人都是在职场上杀出一片天的女性，自是惺惺相惜。

当心理医生谈到“校园暴力”这一话题时，女强人沉默了。

良久，她说："在学生时代，每个班里总会有一个女孩，莫名其妙地被孤立。她相貌平平，不至于丑，成绩不差，脾气也不坏，是一个没什么存在感的普通人，却没人把她当朋友。"

她微微停顿："我就是这样的女生。我有过许多恶毒的外号，多年以后回想起来，仍觉痛苦。"

"现在你不笑的时候，也有种拒人千里之外的感觉，看起来很高傲。"心理医生直言不讳。

"是的，除非在安全的环境里独处，我才会松弛下来。"

"你读书时，表情也不丰富吧？"心理医生问。

"是的，我父母是军人，在家讲话就像汇报工作。小时候我大笑，他们会说，女孩子不要嬉皮笑脸，后来我就习惯了严肃紧绷。"

心理医生拍拍她的肩膀，说："有研究结果表明，人类是先有状态，后有情绪：因为你哭了，所以你难过。如果你想拥有好情绪，无论如何，先给自己摆出一个笑容，你会发现，你的心情很快就能变好，这就是正能量。"

有时，我们会在某一个时间点，突然地长大，突然地觉醒，突然地知晓了某个真相，让原本无意义的时间刻度，成了一道分界线。

原来，不是你的情绪决定了你的状态，而恰恰相反。

你想开心，就先笑；你想让上司、家长、丈夫开心，就先冲他们笑；你想让日子没那么难搞，就先在难搞的日子里笑出声来……

我终于理解《三傻大闹宝莱坞》里，为什么男主角遇事总会拍拍自己的心脏，说“All is well（一切顺利）”。**因为我们的内心都很脆弱，要学会去哄它，不管遇到多大的困难，都要告诉你的心，一切都好。**之后，事情就会在不经意间慢慢向好发展。

同理，如果你想做职业女性，就把自己从头到脚地装扮起来，先改变外在，日复一日，你的思维和情绪等内在部分，也会朝着你想要变成的模样渐渐靠拢。

这是正能量带给我们真正的意义。

04　不必焦虑未来，命运自有安排

21 世纪，幸福变成毋庸置疑的刚需。

时代熙攘，倒逼我们发展出新生的内在力量。

长期处于抑郁、焦虑之中，患癌症的风险会急剧增加。我们没有时间悲伤太久，而及时化解不良情绪，在过去的伤痛与当下的生活间，竖起一道坚实的屏障，成为我们必需的能力。

听《罗辑思维 60 秒》时，有句话令我印象深刻：

过去，我们相信认知源于事实；现在，认知本身就是事实。

影响我们的，不是事情本身，而是我们对它的认知——洒去半杯牛奶，是惋惜失去了一半，还是欣喜仍剩下一半？心态不同，结局迥异。

不相信自己可以掌握幸福的密码，才把一切交给宿命。

大三时，参加保研夏令营，“营友”推荐的《吸引力法则》

被我一度奉为圭臬。

后来参加考试，上了考场，一时紧张，忘记老师讲过“边做题边涂卡”，而是先做完，才赶着涂卡。走出考场，我甚至不记得多少道题没涂。

等成绩的日子里，遵循“吸引力法则”，我每天盼着通过，结果不仅顺利通过，还意外得了高分。这让我更加坚信积极和乐观的力量。

人活一世，信着点什么，总归是比较好的。

对宇宙天地的敬畏，对自我之上能量的信任，常使我心安，不必为未来焦虑，命运自有安排。

05 学会给自己松绑

积极心理学“福流理论”的提出者——教授米哈伊提出过这样的观点：对自我意识的掌控，决定了生活的质量——这也是他反复提及的创造幸福的秘诀。

幸福，源自内心创造现实的能力。

人必须得掌控点什么，才会有幸福感。

可是，能掌控什么呢？

合租屋里乌烟瘴气，项目迟迟无法推进……这些都无法掌控。能控制的，只有内心。

我们无法决定事情的发生，只能决定它对我们的影响。

能否幸福，最终取决于我们的头脑如何过滤和解读。

让这些解读正面、健康、积极，才是有意义的。

人活着，最紧要的是开心。

心理学家认为：在我们的日常生活中，开心和不开心的比例至少达到3:1，才是一个健康、幸福的人。

如何让自己开心的时间达到人生的四分之三？

我私藏的三条法则，与大家分享。

其一，相信自己认知的能量，驾驭失控的头脑，用觉知和行动塑造你的思想，而不是被它的疯狂和偏执所左右。通俗来讲，就是遇事不钻牛角尖，与自己平和地对话，相信理智可以战胜情绪，而不是做情绪的奴隶。

其二，与过去和解。我曾以为，与过去和解是对他人的宽宥和原谅，其实不然。伤害过你的人，不会因你的仇恨和怨怼而感到一丝不安。既做得出，想必不觉有愧，只有你把自己绑在过去的伤痛里，画地为牢。所以与过去和解，不为救赎别人，是为自己。

给自己松绑，得到一次“恢复出厂设置”的机会，重新拥有幸福。

其三，保持内心的宁静。过度的开心和伤心都是极端，所有极端皆短暂，绝无长久，只有中庸的平静可以持久，也只有在平静中可以专注。

书籍、音乐、电影、冥想、舞蹈等，都是通往人类宁静内心的路径，我们需要做的，是找到最适合自己的那条路。

06 发自内心地对自己好

“爱自己”不是一句空话，“快乐”也不只是一个定义。

它们不抽象，是具体、脚踏实地、发自内心地对你自己好。

如果你不知道怎样才算“爱自己”，不妨坚持去做一些愉悦自己的小事。比如每天清晨喝一杯蜂蜜水，每晚睡前温水泡脚；周末不睡懒觉，去看一场不为发朋友圈的春色；颈椎疲劳的午休时分，不聊八卦，下楼晒太阳；买一些让身体舒展的衣裤和鞋，每个周末穿，解放工作日裹在紧身衣和高跟鞋里的自己；健康地控制饮食，但留点余地，允许自己偶尔吃一顿不在乎卡路里的美食；买一束漂亮的花，点一盏茉莉香的蜡烛，看一场纵情大哭的电影，认识不同领域的新朋友，多花点时间回家陪陪爸妈。

你要相信，你对生活用了心，它一定会回报你。

愿你拥有幸福，学会创造幸福，永远对生活一往情深。

倾尽一生，用力活着

01 我决定给自己一点时间

毕业那年冬，来京，彼时的冬天比现在更冷，霾也更重。

做了编辑，对这个行当没什么概念，谈不上多少深情，只是机缘巧合罢了。

仔细想来，这两年，种种如意与不如意，竟皆是机缘，少有自主选择的结果。

做学生时，看《谁的青春不迷茫》，同伴深感共鸣，但我的迷茫期似乎要晚一点，潜伏期也更长，直到毕业后才发作。

不迷茫的原因很简单：从高二起，我就对世俗定义的“过一个好的人生”深信不疑，并以之为准绳。

我从未质疑，考一个好大学、找一份好工作有任何不妥。

有人天生喜欢对抗命运，我不是。

顺势而为挺好的。

《舌尖上的中国》有一集讲腌腊肉：腌腊肉不能急，要等一个冬天那么久，这是时间的馈赠。

年轻时，不愿相信时间的力量，总想跑得更快，以为努力拼搏就能人定胜天。有时等一等，其实挺好的。

恩师李响常对我说：**“不要紧，慢慢来，有时等待也是最好的安排。”**

02 没有热爱是挺可怕的一件事

回想这两年的迷茫和不悦，大多因为没有自己做过选择。

第一份工作，是听闻一个编辑朋友说公司缺人，我正好在京签售，于是第二天就入了职。

第二份工作，是新任主管在饭局上偶然听说了我，就把我从第一家公司挖了过来。

入行入司，我甚至连一份合格的简历都没有。

各种际遇晴雨，逆来顺受。

没有热爱是挺可怕的一件事。

每天工作 8—10 小时，机械地重复，让人毫无热忱。尤其是我们这行，夕阳西下，累死累活，薪水微薄。

老同学替我着急，天天给我介绍互联网的工作，说我“完全没有现代女性知识分子的形象”。

03 学会为自己做决定

如果在 2018 年，我值得肯定的成长，大概是终于为自己做了一次决定：裸辞旅行。

走进副总办公室，我对“出了这扇门之后做什么”毫无想象。大概率是赋闲在家，把这些年缺的觉一并补全；又或者开一间民宿，成全骨子里的“文艺病”；也许用一两年时间周游世界，花光积蓄，再重回正轨。

之后，我打包行李回太原，装修好我的民宿准备开张；在语言不通的柬埔寨，误以为司机师傅要打劫我……

生活处处是阴差阳错，啼笑皆非。

最终，民宿变成了我妈的练功房，周游世界的脚步只踏出一站。我重返北京，在一家出版社重操旧业。

不同的是，这是我唯一规规矩矩投简历，经过笔试、面试，顺利入职的单位，不再是机缘巧合。

我终于认同，身为编辑，体面且有趣，我也终于进到心仪的单位——和善有序，少有焦虑感和撕裂感。

04 用力活过，无畏改变

“用力活过”，是一个概念过于宽泛的词。

我理解的“用力活过”，是在自己有能力选择的事情上，努力靠近更想成为的模样。

而第一步，是选择。

改变总是很难。

我刚来北京时，出租屋甲醛超标的问题还未被曝光，房子刚装修完 5 天，我就入住，经常头疼。

8 平方米，朝北。同一屋檐下的两户邻居知我在家写稿，把所有快递都寄回家，让我帮他们收。

快递小哥一两个小时敲一次门，让我无法安心写作。

尽管有那么多不如意，我还是住了很久，并未立即搬走。

在公司，当我已做出小小成绩，领导依然会因我“午饭吃了 20 分钟，没在工位坐着”，而歇斯底里地咆哮“有没有资格做一个编辑”，我也忍了很久。

那时每月到手的钱，不过 5000 元。

钱少、活多、离家远、不开心，汇集了所有“90 后”辞职原因的关键词，我却迟迟没有请辞。

相比于痛苦地坚持，做出改变总是更难一点。

因为改变意味着未知与风险，也意味着否定从前的所有选择和努力。

可是，不想改变，就永远疼痛。

我花去两年半的时间才终于明白，听从命运安排，未必能顺风顺水。

一个平凡人的反抗，不是对别人，不是对世界，只是对自己，对固有的习惯、舒适、惰性做出反抗。

新的一年，选你所爱，爱你所选，无惧等待，无畏改变。

倾尽一生，用力活过。

与自己的平凡和解

很小的时候，身边人就说，我在写作方面很有天赋，我深以为然，并以“才女”自居 18 年。

翻开族谱上溯，我爷爷就写书，爸爸在家乡的文坛也曾是“夜空中最亮的星”，妈妈是省刊高级编辑。

我不负众望，10 岁写就一篇稚嫩小文，发表在报纸上，从此一发不可收，嗜文成魔。

平生最大心愿，是举办一场锣鼓喧天、鞭炮齐鸣、红旗招展、人山人海的签售会；登上热搜：青年作家——李梦霁。

22 岁终于实现了，在南京一所高校签售，600 人的礼堂，座无虚席。

签售会散场时，我为之大哭。

我笑称“十年磨一剑”。

01 梦想渐行渐远，人生如梦

初中时多愁善感，为人尖刻，大抵是对“林妹妹”中毒匪浅，歆慕心高气傲、弱柳扶风的气质，出言吐语不留情面，自以为是深刻。

语文老师惜我才华，毕业评语：年少轻狂。

甚有大侠风范，我颇以为傲。

高中懂了人情世故，待人接物笑容可掬，无非是想得到认同。

高中毕业后，笔下的文字越来越凄楚，故事越来越悲情，却无人问津。

投稿如雪花，零落成泥碾作尘，没有香如故。

唯有一家特约专栏，依然不离不弃地刊登我小众的随笔。

梦想渐行渐远，折成消瘦的相思，经年不曾入梦。

02 在别人的故事里，真诚地喜怒哀乐

大学是我最不堪言的时代，也是成长最快的几年。

恃才自傲的本性和玩世不恭的态度终致行差踏错，差点被那所重点本科院校勒令退学。

心有戚戚，难与人道，唯有蚍蜉撼树之感，无力回天。

我于是放弃写文，回归了普通的大学生活。

按时上课，敬畏导师，三餐按时。

和朋友聚餐，因曾给美食专栏撰文，对美味佳肴颇有心得，总能带大队人马觅到物美价廉的地道小吃；结伴出游，因曾参加过专业的摄影培训，总能帮小伙伴拍出美美的相片；拥有细腻敏感之质，竟成为最好的聆听者。

我曾睥睨天下，自视才高，殊不知每个人都有流光溢彩的锋芒与不为人知的心伤，**生活远比想象中疼痛，人心远比意念里纯洁。**

我终于不再与自己的平凡为敌了。

歌里唱道："我祈祷拥有一颗透明的心灵和会流泪的眼睛。

给我再去相信的勇气，越过谎言去拥抱你。”

张爱玲言：因为懂得，所以慈悲。

悲悯，是世间最动人的情怀。

因异木棉的盛开而喜悦，为闺蜜的亲人故去而潸然，在别人的故事里，真诚地喜怒哀乐。

03 你的才华，不及你的温暖

立秋时，收到一封来自公众号编辑的邮件，说我文字很好，择期推送。

那是夜晚 9 点的广州，我结束兼职回校，倚着公交车窗，听《Drenched》。

望向窗外，万家灯火霎时化成一片深深浅浅的光晕，没人懂我执着后的潸然。

后来成为专栏作者，交了些从前只闻其名的同道文友，收到五湖四海读者的来信。

人生苦短，我只怕来不及做想做的事，来不及好好爱这个人间。

少时喜欢《Becoming Jane》（《成为简·奥斯汀》），想成为另一个简·奥斯汀，艳羡那样的女子，像男人一样战斗，斗得过世界，赢得了生活。

20岁之前，倔强狂傲而偏执，不懂生活。

当我靠近身旁的人，拥抱他们的阴晴圆缺，疼惜他们的悲欢离合，我开始变得柔软。

黄昏时，看打印店老板家的小朋友口齿不清地背“江枫渔火对愁眠”，恍然很感动——终有一天，我也要安定下来，温润如玉。

从前，我希望旁人眼中的我，满腹经纶，才华横溢。

如今，我更希望他们说——你的才华，不及你的温暖。

做一个柔软的女子，明眸皓齿，顾盼间，云烟四起，倾国倾城。

日子是一程一程的

01 我的生活有一种富足感

前两天，和一个编辑朋友聊天，他无意间说，我觉得你很有钱。

我欲哭无泪。

回想起来，似乎常有朋友认为，我生活优渥，衣食无忧，担得起“有钱”二字。

承蒙谬赞，我其实只是一个最普通的年轻人，拿着正常的毕业生的起薪，偶有不夸张的稿费。

错过红利期，虽因《一生欠安》被贴上“新媒体时代最炙手可热的专栏作者”的标签，但我从自媒体获利，屈指可数。

多是为人打工而已。

我在微博发过一篇文章——《纯文学写作者的生存之路》。大约是在我人生中最低谷时写就的，摘录一二。

生存在速食文化的时代，逆流而上，大不易。

文字变现，善弄文字的人急着依凭写作跻身更高的阶层。

谁还用文字探索人性？

纯文学是理想，理想不是饭。

尽管号称“畅销书”，但它带给我的总收益，不过四位数。

刚毕业，无收入，半根油条撑一天，还要人前光鲜地签售。

空荡荡的大堂里，我一个人讲《纯文学的生命》，只有肚子里的半根油条咕噜噜地回应。

走进社会，父母的银子，不好伸手索取，又自视才情足以糊口，自是不会继续饭来张口地寄生。

现在看来，当时充满戾气和厌世气度。原因是我跨出社会的第一步，走得艰难而不幸，几乎是摔在了起跑线上。

朋友们多多少少也猜到，李梦霁遇着事儿了。

这个事儿，估计不小。

磕磕绊绊地成长，跌跌撞撞地过活。

谁没掉过生活的深坑呢？

那么，为什么我看起来很有钱？

或许是因为，我的生活有一种富足感。

02 为体验花钱，掌握通往富足的钥匙

上大学时，师姐说我看起来“像无忧无虑的小孩”。

她看到我背包旅行，去赏四季如春，去看冰天雪地，去荒郊野岭，去繁华广厦。

她看不到，我打很多份工，因为渴望实现更多梦想——想趁年轻有闲去看世界，自然需要超额付出，所得必有所失。

周末不睡懒觉，早上 6 点起床，风雨无阻地去辅导机构教英语；勤勤恳恳地学习政策、熟悉业务，成为人才市场的

“十佳柜员”；白天认真听讲，拿奖学金，深夜挑灯写稿，赚稿费……睡过 15 元一晚的青旅床铺，淘过 20 元一双的运动鞋。那些落魄和辛苦，只是不足为外人道。

“无忧无虑”，是因为心中有方向，脚下有道路，所以只顾埋头走。

不为虚荣心买单，活了二十几年，没有一件奢侈品，青衫几件，够穿够换，零星首饰，偶尔打扮。

在我的账单里，有形的物不多，无形的体验却很多。

我钟情旅行，几乎用尽全部积蓄。22 岁，一个人几乎把中国走遍。

在沙漠看一头将醒未醒的骆驼；在原始森林呼吸浅浅的松香；在草地上，打一个不为人知的小盹；在海滩，写下一个暗恋的男孩的名字。

我更乐意用买名牌衣裤的钱，在好酒店住一晚；把买包的钱拿去吃一顿珍馐美味。

或许这些在旁人看来，都不如买奢侈品显得更富足、高端、有品位，但它们让我积累了更多对生活的情感，而不仅仅是对金钱的情感。

还有那些在旅途中遇见的趣事和好友，无法明码标价，却装进一个人的气质里，久久沉淀。

正是这些体验，让我轻松、愉悦、自由，也让我更爱这个人间。

当你习惯了为体验花钱，就掌握了通往富足的钥匙。

因为富足不只关乎经济，更在于心态。

03 长线投资，让生活有节奏与期待

初入职场，和许多人一样，第一件事是办信用卡。

脱离了学生时代，拥有稳定的经济来源，“花明天的钱，圆今天的梦”的营销太动人，我不能免俗地投身借贷大军。

刚上市的苹果手机，轻轻一刷就入手，往后每月不过还个零头，诱惑着实难抵。

于是习惯透支，习惯借用。

大到交付半年的房租、出国旅行、买车，小到聚餐、买书、

剪发，悉数刷卡。

最终，因为信用卡消费实在方便，难免超支，到了下个月，所有工资全用于还款，有时还会赊欠。欠款部分每天产生违约金和利息，利息又生利息，数额像滚雪球一样越来越大。月复一月，彻底陷入恶性循环，沦为“月光族”。

BBC 纪录片《无节制消费的元凶》将这种支付行为称为“信用卡的无痛支付”。这种“借用”思维极易导致贫穷，因为你根本不知道，自己花了多少钱。

行为经济学大拿、哈佛大学教授塞德希尔·穆来纳森花去几十年研究“穷人和贫穷的本质”，提出“稀缺心态”的概念。

具体而言，稀缺心态有三种表现：一是只顾眼前行乐，忽视对教育、健身、读书等长线回报项目的投资；二是透支未来，不停借贷，直到超出预期、超出能力边界；三是消耗带宽，担忧和焦虑占据了大量时间和心思，无法享受生活。

他说：“当我们被稀缺心态俘获，就无法专注于发展。正如一个饥肠辘辘的人，不会想着如何享受生活，只想快去找东西吃。”

如当头棒喝，醍醐灌顶。

自此以后，我及时扭转恶习，停用了信用卡，养成记账的习惯，渐渐摆脱“月光”。

对每笔出入账了如指掌，清楚自己经济实力的边界，生活自然有一种通透的富足感。

不攀比，不虚荣，不透支，不借用，只做力所能及的事，只买付得起的东西，避免掉入消费主义的诱惑陷阱。

同时，我开始用一部分钱来学英语、练瑜伽，短期之内或难见效，但经年累月，必将受益匪浅。

这些长线投资让生活有了节奏与期待，而不只有眼前的焦虑和苟且。

把人生展成一幅长卷，与生活贴得更紧，自在而深情地活着，像一棵树、一朵花，日子总是一程一程的。

04 其实我们的小日子，真的还不错

当然，这篇文章并不致力于教大家“怎样看起来有钱”，人生苦短，不必打肿脸充胖子地装模作样。

富裕时，投资体验，投资成长；拮据时，不做无谓的抱怨，勤勤恳恳去挣；在日复一日的流年里，不攀比，不自毁，脚踏实地，走好眼前的路。

做到这些，你会呈现出一种由内而外的富足感。

当我走过低谷，褪去戾气，把生活交付给平淡的拼搏、专注的感动时，所有好运，不期而至。

其实我们的小日子，真的还不错。

当你对外呈现的，不再是张牙舞爪、焦头烂额、急功近利，这个世间自会好好待你。

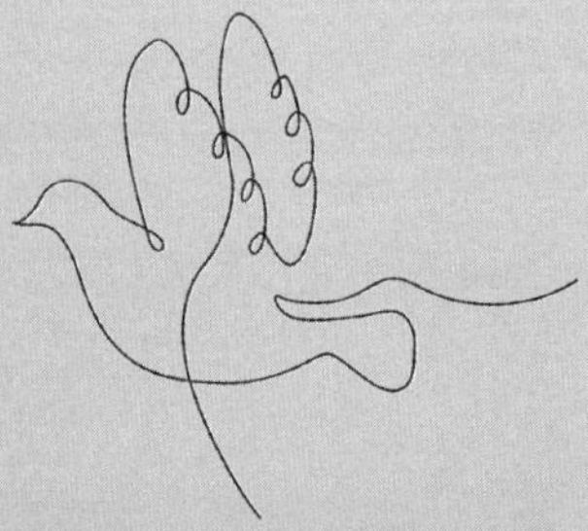

章二　慢慢相遇，得到就珍惜，失去就忘记

我们这一生会遇见许多人，但真正美好的相遇少之又少。喜欢就争取，得到就珍惜，失去就忘记。

好好爱自己，是教别人如何爱你

01 基于深情，不愿妥协

收到请柬，帆要结婚了。

她给我发消息：“结婚对象是个跟我‘臭味相投’的人。长相傻傻的，可我觉得很帅；小毛病不少但人很善良；了解我的缺点，目前还没嫌弃；可能没什么大作为，但毫无怨言，一直在努力。我们相伴七年，正式打算成个家了。你知道的，还是大学那个，没再换过，我们都比较懒。”

我想她一定很幸福，才能写下这样朴实无华却动人的话语。

我羡慕帆，不仅因为从今往后，烟火岁月，有人陪伴左右，我更歆慕两人心甘情愿被对方驯服，甘愿割舍一部分的个性、隐私与未来。

到如今，四舍五入已算迈进三字头的年纪，真真假假，也见过许多爱情的面目，不能久处不厌，无法步入婚姻，大约是不愿妥协。

哪怕基于深情，仍不愿妥协，更不会妥协于“世俗”“合适”“催婚者”。

尽管心知肚明，那么多人走入婚姻，未必不是想找个条件差不多的人搭伙过日子。

02 敢于不完美

狐狸对小王子说：“如果你驯服了我，我们就互相不可缺少了。对我来说，你就是世界上唯一的了。”

驯服就是制造羁绊。

凭借羁绊，我们才找到遗落人间的肋骨、补全缺角的拼图，治愈与生俱来的孤独。

可是总有一种人，无法放弃对这个世间的好奇与热望，无法放弃棱角，他们用这些棱角去探索更大的世界，也刺伤了近旁心生安定的人。

在大学时，王公子对我说："你是河流一样的女子，但多数平凡人，只想找个人过日子。"

人对自己的认知，大约需要终其一生，不断推翻重建，才能无限接近真相。

所以王公子在我这个年纪领证，我仍孑然一身。

身旁有些同学想得通透，在追寻"100分"和"80以上"之间果断选择后者。

就像小时候考试，考100分的小孩总归要付出考100分的代价，欲戴王冠，必承其重，而"考80分就好"的小孩一定会更开心。

不逼自己，适当容错，面对世界，拥有后退一步的得体。

可是总有那么一小部分人，学不会"不考100分也开心"。

敢于不完美，其实是一种更容易接近幸福的品质。

可惜有人终其一生，都没能学会。

03 寻找合适的位置安放自己

三毛写：如果有来生，要做一棵树……非常沉默，非常骄傲。从不依靠，从不寻找。

感谢家人、朋友一直以来对我的支持和包容，让我至今仍保留野性、天真和自由，从未被任何人驯服。

这不知算不算是一种幸运。

本科实习，辗转5座城市，花4年时间走遍中国，几乎都是一个人。

孤身“北漂”，凭性情换工作，大龄回炉求学、留学，在可预见的将来，或许还会读博，又或赴香港。

年龄、社会角色、世俗眼光，都不能限制我对未来的想象，我有清晰的规划，并坚定不移。

闺蜜讲，只是还未遇见能让我打破自我规划的人罢了，若遇上，必然有所取舍。

当然也有人不肯为任何人打破自己的规划。

好友最近终结了十多年的感情，工作繁忙，只能抽空醉生梦死。

伤心的不是分离本身，而是在对方未来的人生规划里，并没有他。

我见人思己，三省吾身，对未来的设想，除了自己，似乎没有过其他人。

若有人讲，我在他的未来里，我大约只觉惶恐。

我会担忧该如何行走才能符合对方的预期，偏生我又是一个不走寻常路的另类者。

纵使真心倾付，也无法跟随另一个人的梦，因为对我这样的人而言，放弃自我，太难了。

提着过往走向人群，寻找合适的位置安放自己。

孤单的人彼此亲近，拔下锐刺依偎取暖，并肩同行。

不忍或不愿拔刺，只好生人勿近。

04 好好爱自己，是教别人如何爱你

我很喜欢杨千嬅在《再见二丁目》里唱的：“无论于什

么角落，不假设你或会在旁，我也可畅游异国，放心吃喝。”

这可作为我这些年不失洒脱的写照。

11 月初我收到了牛津大学的邀请函，12 月初办妥了英国签证，要启程出发，成为一名牛津大学的交换生了。

我始终相信，好好爱自己，是教别人如何爱你。

未来无法预料，也许遇见另一个苛求的、执拗的、独自生长的“分歧者”，同行下一程直至余生。不做攀援的凌霄花，只愿当你近旁的一株木棉，以树的形象和你站在一起，分担寒潮、风雷、霹雳，共享流岚、虹霓。

又或变成大多数，褪下铠甲，换上长裙，也未可知。

只是我想记录下此刻的我，依然是一只“野生动物”。

你陪我一程，我惦念一生

十几岁时看王家卫的电影，不大懂，既不懂故事之外的欲言又止和求而不得，也不信宿命。

经年之后，重看《花样年华》，才恍然懂得剧中人。

那是一种难堪的相对。

她一直羞低着头，给他一个接近的机会。

他没有勇气接近。

她掉转身，走了。

01 当时的我们，从没想过回头

陈太太搬来时，房东问她姓什么，她说："我先生姓陈。"

她只说她的先生姓陈，在那栋楼里，她没有名字，没有自我，只是"陈太太"。

穿风情万种的旗袍，精致、优雅、体面，从事文秘工作。大约在20世纪60年代的香港，中产阶级的核心需求是秩序与尊严。

陈先生给日本老板打工，常年在日本出差，与陈太太聚少离多。

隔壁租户是报社编辑周先生，他的太太在酒店上班，早出晚归。

两户同一天搬家，师傅不断弄错，周家的鞋柜搬到陈家，陈家的书又放进周家。

她问他："你也喜欢看武侠？"

读书的人，容易为这类桥段倾心。

无论是《查令十字街84号》还是《月满轩尼诗》，书香稀薄的年代，彼此曾为同一部小说雀跃和遗憾，似乎在那一刻，便生出某种通往精神世界的纽带，联结了两个看似那么不同的人。

楼里房东太太问她：搬家这样劳心力，先生不来帮忙吗？

影片开头，即见她先生之不负责任。

回头想想，命运曾在那么多处给过暗示，可是当时的我们，却从没想过回头。

02 难忘的，或许是你

直到两人约见，谈起“香港买不到”的手包和领带，各自另一半终日不见的感情，终于浮出水面。

她说：“我以为只我一人知道。”

两个同病相怜的人，各自在令人疲惫的关系里进退两难。

他们在狭长的楼道里擦肩而过时，大提琴声无一例外地响起。

一定会有故事发生吧，无法预料的，只是结局。

从那时起，他们常见面，谈各自的先生或太太，模仿、揣测他们的私情是如何开始的。

彼此依偎取暖，试图涉过命运的深寒。

难忘的，是雨吧，或者你。

是命运下过的雨，是和你一起躲过雨的屋檐。

他说，一个人的时候很自由，想做什么都好。结了婚就不一样，很多事一个人做不得主。

她问，如果没结婚呢。

他说，可能会更开心些吧。

她说，从没想过婚姻会如此复杂，从前以为只要自己做到足够好就可以，可是两人在一起，只有一个人做得好，远远不够。

他说，不是我们做错，何必浪费时间，自问我做错什么。

背叛，就是你看着她把打火机扔进威士忌酒杯，可你明明说过，那是你的心脏。

03 爱过你的每个瞬间，像飞驰而过的地铁

听说他病了，朋友说，他想喝芝麻糊。

她煮了一锅芝麻糊，分给楼里的邻居喝。

后来再相见，他说，谢谢你的芝麻糊，那天我刚好想喝。

她说，是吗，好巧。

她从不说爱他，只是默默做完所有对他好的事，九曲情意藏了又藏。

你看不到我的苦心，甚至不必看到，情愿你以为是“刚好”。

他们相约一起写武侠小说，流言忽至。

房东太太说，年轻人都爱玩，不过要有分寸，两夫妻常分开，总是不大好。

一墙之隔，隔着今生的距离。

2046 房间，她挣扎，犹豫，奔赴，离开，又留下来。

那晚很特别，她问他“小说写得如何”。

不知为什么，明明是另一个问题，他却觉得她在质问“爱不爱我”。

她说，我们不会跟他们一样的。

我却分明想起周芷若说的“倘若我问心有愧呢”。

影片里的配角也很有意思，她的老板、他的朋友、他们各自的另一半都不忠，越轨习以为常，他们却仍恪守底线，“不能成为曾经痛恨的人”。

这一生，他有一百次、一千次、一万次机会告诉她——我爱你。

但是那么久了，她等他，他却沉默。

爱过你的每一个瞬间，心像飞驰而过的地铁。

他要走了，去新加坡。

04 错过，即是一生

你走之后，快乐都是那样短暂，痛苦却是那样漫长。

一年后，她打电话，他接到，她却沉默。

如果还记得，应当听得懂另一端的呼吸和想念。

但他什么也没做。

三年后，他回到故园，房东太太已离去，他不敢叩响隔壁的老屋，不敢相信屋里仍住着故人。

与君淡如水，千杯亦不醉。

他来到吴哥窟，把所有心事藏进佛土。

心声安葬在岩洞，越要退出，越向你生命移动。

仓央嘉措写过这样的诗：

一个人需要隐藏多少秘密，才能巧妙地度过一生？

这佛光闪闪的高原，三步两步便是天堂，却仍有那么多人，因心事过重，而走不动。

电视剧《花样年华》中呈现："那个时代已过去，属于那个时代的一切都不存在了。""那些消逝了的岁月，仿佛隔着一块积着灰尘的玻璃，看得到，抓不着。他一直在怀念着过去的一切，如果他能冲破那块积着灰尘的玻璃，他会走回早已消逝的岁月。"

终是优柔寡断，所以渐行渐远。

我去吴哥窟时，陈先生的“秘密”已青草依依。

在洞窟前，我说，宁为你跌进红尘，做个有痛觉的人。

小说里，那么多人在硝烟散尽的世界久别重逢；而现实中，错过，即是一生。

《花样年华》上映时，王家卫 42 岁，梁朝伟 38 岁，张曼玉 36 岁。人们说，失了年少的热烈，多了克制与含蓄。叫“花样年华”，大约是因为，这才是人一生中最好的年纪——不再鲁莽偏执，也还未衰老。

不是只有肆意爱过的，才是花样年华。

听天由命，也好。

05　恋人未满，你只是途经了她的盛放

我几乎不喝酒，阳历年跟同事去了一个名字叫“Almost Lover（恋人未满）”的地方喝酒。

后来，我把“Almost”译成“差一点儿”

差一点儿，我们就能拥有每一个清晨

差一点儿，我们就能见到同一个未来

差一点儿，我们就能不错过

可最后，还是差了那么一点儿

他们或许看到眼前的流水和远方的帆

我只看到你

他问她："如果有多一张船票，你会不会跟我一起走？"

她问他："如果有多一张船票，你会不会带我一起走？"

终其一生，听不到想要的答案。

"那不是你的花，你只是途经了她的盛放。"

荼蘼过后，再没有春天。

那些悬而未决的心意，交给时间

01　爱是想触碰又收回的手

认识他的时候，他 22 岁。

那时，她刚刚结束一段潦草的关系，裸辞，在米兰的青旅被小偷偷光了所有钱。

她给朋友打电话，朋友说："刚好有个学弟在米兰读书，我让他去接你。"

在米兰深秋的街头，薄寒的午夜，一个同乡口音的男孩风尘仆仆地赶来，轻声说："别怕。"

她惊魂未定地跟在他身后，穿过一条又一条安静的街区，来到他家。

走过重重的雕花铁门，一间简单的小屋，一张床，一副桌椅，一灯如豆，一窗临街。

回头想想，不过是一间陋室，那时她却觉得无比温暖。

两人从青旅的遭遇聊起，讲到各自的成长。原来他们曾在同一所学校读书，他们吐槽着同一个物理老师；他们的父辈是大学校友；他们都拥有奇怪的笑点。

不记得说过什么，只记得整晚都在笑。

她过得并不好，失恋、失业，约好一起去欧洲旅行的闺蜜临时变卦，留她一人在他乡流浪，还遇上小偷。

那一晚，是她生命中短暂却明亮的烟火。

他们谈天说地，直到东方泛白，女生将离开米兰去瑞士。

后来她睡着了，男生在一旁看书。当他低头拍醒她时，一束清晨的阳光从男生肩头漏下，那一霎的感觉，像家。

在火车站，她想拥抱他，但却没有。

塞林格说："有人认为爱是性，是婚姻，是清晨6点的吻，是一堆孩子，也许真是这样，莱斯特小姐。但你知道我是怎么想的吗？我觉得爱是想触碰又收回手。”

02 是他悄悄治愈了她的心

在瑞士，青旅老板提议她打工换宿，并留她在这里工作，几年后可以申请瑞士永居。

她问：“为什么我如此幸运？”

老板说：“因为你非常美丽。”

她打电话问他，他说：“不要去，你总是太单纯，听不懂老板言语间的暗示。”

她于是启程去巴黎，火车摇摇晃晃颠醒碎梦，阿尔卑斯山的澄澈治愈了她的眼睛，她渐渐开心起来。

但她知道，是他悄悄治愈了她的心。

他是那样闪耀，读他们家乡最好的高中，精通五国语言，高考后留学法国，顺利留校读研，又被选中来米兰做交换生。

那是他最好的年纪，意气风发，充满希望。

而她，身在谷底，没有工作，没有未来，打烂了一手好牌——曾经的校文科头名，高考却失利。那些年荒废了青春，毕业时连一张学历证书都没有。

她不敢对他说喜欢。

但遇见他，她找回了从前的斗志。优秀的人单是出现在你生命里，已是一条渡你的河。

“在你身边停留的瞬间，我停下来，认出自己。”

03 相知一场

从欧洲回来那年，她考入“985”院校读研，毕业后进入知名企业，隔着时差，与他的联络愈发稀少。

她想人生总是这样，有时相聚，有时分离，只要聚时竭力，散时便无悔。

往后多年，只要他发消息，她总是开心，甚至有一回接他电话时，不慎从高处重重摔下，卧床半个多月。

痊愈后，她左手无名指关节处，留下一个十字星形状的疤。望着这根将来会戴上戒指的手指，她总想起他。

这些心思她从没说过，他是太过美好和纯粹的存在，年纪又小于她，她总自觉不配。

再相见时，他回国了，留法近十年，却没能换到一张文凭，也不曾恋爱。

而她又一次辞职，正经历一段疲惫的婚姻，还意外流产失去了一个孩子。

站在离婚的门槛，进退两难。

她回到家乡，住在一幢老楼里，他来看她。

距离初见，已过去好多年，但他仍像那个昨日的少年，乡音未改，风尘仆仆，明明是一个漂泊的人，却带着家的温暖。

在一张狭窄的沙发上，从日上三竿，聊到日薄西山，细数这些年的经历，像初遇那晚，有说不完的话。

坦诚得像面对另一个自己。

他们本不是甘愿向旁人袒露心扉的人。

此刻，他前途未卜，她身不由己。

那么多不为外人道的辛苦，她想拥抱他，但她不能。

她只对他说："在我心里，你是那样优秀，别看轻了自己。"

他说："你那么有才华，又勇敢，不该过这样的生活，你可以做到任何事、成为任何人，只要你想。"

狄金森的诗里说："假如我能使一颗心免于破碎，我便没有白活一场；假如我能平息一个人的悲伤，消除一个人的痛苦，或者帮助一只迷途的知更鸟重返巢中，我便没有虚度此生。"

相知一场，他们曾无数次抚平过彼此心头悲伤的褶皱，是不是就不算白活一场？

04 发生什么，都好，允许一切

从前，她的爱情观是琼瑶给的，是任时过境迁，容颜改变，爱的人能仅凭声息认出你；是红尘作伴，浪迹天涯，潇潇洒洒；是一心既许，万山无阻，生死相依。

她是自由的、浪漫的、不食人间烟火的，却过着世俗中每个人都在复刻的人生——朝九晚五，按时结婚，买车买房，生儿育女。

她的丈夫不读书，只与手机为伴；她说的，她的丈夫不懂，也不想懂。

她的丈夫从来没有试图了解过她——妻子，只是一个角色，谁都可以，碰巧是她。

她想，人生大概是这样，最好的状态是情投意合，其次是衣食无忧，最不济是孤独终老。与对孤独终老的恐惧相比，情投意合或许没那么重要。

当她守着几近枯萎的婚姻，想对命运说“我认”时，他回来了。

她想告诉他，那年初遇的心动、别后经年的相思、如今不改的悸动，但她什么也没说。

她早过了“偏要勉强”的年纪，对爱情，也少了执念。

多年以前，假如她没有选择不算热门旅游城市的米兰；假如原本留法的他没去米兰做交换生；假如他早睡，没接到她朋友凌晨两点半的求助电话；假如他的房间不在她住的青旅旁，仅 15 分钟步行距离……

那么多个“假如”，他们却最终相遇。

命运曾在无数个路口留下伏笔，可惜那时年轻，只恨太匆匆。

闺蜜陪她看“爱在”三部曲，陌生的青年男女在宿命中偶遇，炽烈地相爱，他们每次见面都相隔多年，却永远有说不完的话，像极了他们的故事。

男主角说：“因为不了解，才会爱一生，所有浪漫的期许都缺乏现实的基础。”女主角说：“我们只是短暂地相逢，或许只有在欧洲散步时，在天气暖和时，我们才合得来。”

于是她想，做不成伴侣，做朋友，也很好，不必贪心。

如果喜剧是悲剧加时间，那就再等等看，等待人心剥离出最初的模样。

那些悬而未决的心意，交给时间。

往后余生，慢慢来，发生什么，都好，允许一切。

那晚，她在日记里写下：我以为人生不过一场大雨，而我无枝可依，有幸抢到一柄伞，尽管陈旧、尽管破陋，总好过冰雨浇头。但与你人海相认，被你疼惜、欣赏，总会让我相信，原来人间有晴天。

我想做那个
在你葬礼上描述你一生的人

爷爷去世了。

这件事对我的打击很大，以至于时间过去好久，只要想到爷爷，就泪流不止。

我 5 岁以前是在爷爷奶奶身边长大的。

奶奶特别勤劳，把爷爷和我衬托得都很懒。喂奶粉、打疫苗、织毛衣、洗衣服、做饭，家里大小事情都是奶奶一个人干。

爷爷夏天给我买一包小矮人雪糕，吃完我的舌头花花绿绿的。

教我写毛笔字、画国画，画着画着他就要跟他的老伙伴们打麻将去，每次都说“三缺一”。

下雨天，院子里闯入一只小青蛙，我把它好生喂养起来，没过几天爷爷就给我放生了。

骑一辆“二八大杠”，我坐在横梁上，爷爷载着我上街赶会，看正月十五的花灯和礼炮，回来晚了挨奶奶批。

有时停电，我们点一支蜡烛，奶奶吹口琴，爷爷唱《草原上升起不落的太阳》。

第一次出门旅游，是奶奶带我去五台山，爷爷看家，但我太小了，以为再也见不到爷爷，临行前就在大巴上猛哭。爷爷买了几根他最爱吃的麻糖，从车窗递给我，也不说话。我不爱吃，看见那一摞麻糖，哭得更凶了。

01 念及此，我只觉抱歉

我一直觉得爷爷大约更喜欢姐姐。

姐姐是伯伯家的小孩，爷爷只有我们两个孙女。

小时候，我和爷爷打羽毛球，画一条线，谁接不到就要捡球。

有一天，爷爷悄悄跟奶奶说：“妹妹这个性子，长大了怕是要吃亏。姐姐跟我打球，球掉了，每次都要跑过来捡，从来不让我捡。妹妹只捡自己那边的，还要我好好打，别走神。”

奶奶一向偏袒我，说：“那是妹妹打得好。”

20多年过去，我还是一副不讨巧的模样，争强好胜，不懂迂回，黑白爱憎，朗朗分明。

后来我离了家，越走越远，每次回去，爷爷说：“你的某篇文章我看了，写得好。”

也没有别的话。

我挣钱容易，每年爷爷生日（除了在牛津大学做交换生那一年），我都请老人家吃顿好饭。他不说什么，我觉得他应该挺高兴的。

爷爷临终前这一两年，姐姐常去看他；我离得远，一年到头只见得上三五面，朝夕相处不超过20天。

今年8月底，我回家给奶奶祝寿，爷爷身体尚可，坐在院子里看报，看着看着就睡着了，我就推他去小公园，遛弯儿，晒太阳。

一个多月后，人就没了。

我没给爷爷喂过一次饭、穿过一件衣、剪过一回指甲、端过一次便溺。

因为疫情，我甚至没来得及见他最后一面，连他在医院病床上是什么样子，都只能看伯伯发来的视频。

直到最后时刻，家里都瞒着我。视频里，爷爷状态好时还能说话。

我说爷爷身体素质好，可能过两天就能出院。

念及此，我只觉抱歉，仰愧于天，俯怍于人。

姐姐说，去世前一周，她回去，爷爷意识已不大清醒，爷爷问她："妹妹好吧？"

02 还有那么多没做的事、未竟的心愿

家人不让我回去，怕给单位防疫工作添乱，爷爷去世 7 小时后才告知我。

飞机、火车，没有一张余票，我转天津绕道回乡，一天一夜，终于赶上遗体告别仪式。

灵前，我看到爷爷的遗像，那是他 64 岁时照的，那年我 3 岁。

我们住在一个小院子里，满院都是郁郁葱葱的爬山虎和蜿蜿蜒蜒的葡萄藤。

长大后读诗，最喜“梨花院落溶溶月，柳絮池塘淡淡风”，那是我童年风物的写照。

日子过得很慢很慢，从朝霞升起到日头偏西，从冷月如钩到月满西楼，我们拥有一整个日月。

照相那天，我不知是有起床气，还是对摄影师认生，哭得惊天动地，留下了一张眼睛红红的照片。

奶奶专门给爷爷染了头，相片上的爷爷满头黑发，意气风发。

看到遗像，童年往事像一场无声电影，一幕幕在脑海闪回。

我脚一软，扑倒在灵前，再也起不来了。

我多想再摸摸他的手啊！多想把他喊醒，好好教他怎么用手机发短信，再也不嫌他烦；陪他看他爱看的《新闻联播》，不抢遥控器……

还有那么多未竟的心愿、那么多没做的事，我真的放不过自己。

03 爷爷的军功章

前年冬天，我休年假，回家看爷爷，他一直说自己大限将至，每天都睡很长时间。

某天吃早饭时，他非要给我剥鸡蛋，我诚惶诚恐。

他一向不做这些有催泪之嫌的琐事。

从那时起，我忽然觉得，结婚生子或许也是不错的人生选择，老一辈应该很开心看到孙辈成家吧。

再不成家，他可能就看不到了。

爷爷是从死人堆里爬出来的，他 13 岁参军，15 岁提干，参加过三大战役、抗美援朝、越南抗法战争等战役，军功赫赫。他曾在云南大学当军事教授，年轻时经常出国，进行外事谈判。

这是我主持爷爷葬礼时写的悼文，改自我读研时，为新中国成立 70 周年写的主题征文——《爷爷的军功章》。

李占年同志悼词

云蒙低沉，草木含悲，苍天流泪，大地悲鸣。2021 年 10 月 1 日，李占年同志走完了自己光辉的一生，与世长辞，享年 89 岁。

李占年同志遗体告别仪式现在开始，默哀，奏乐。

默哀毕。

首先让我代表李占年同志的亲属，对今天前来参加告别仪式的单位和亲友表示衷心感谢。在此，我们怀着沉痛的心情，共同追忆李占年同志的一生：

李占年，1933 年 1 月 2 日出生于长子县张店村，13 岁参军，15 岁提干，16 岁加入中国共产党，追随陈谢大军，自黄河始，一路向南。作为长子县为数不多的离休干部，李占年的一生是战斗的一生、光荣的一生。他参加过三大战役、渡江战役、抗美援朝、越南抗法战争、西南剿匪、中印边境自卫反击战等战役。他毕业于南京炮兵学院，曾任云南大学军事教授，在外事活动中，多次进行出国谈判。

年轻时，他获得多枚军功章——解放奖章、解放华中南纪念章、解放西南胜利纪念章、渡江胜利纪念章、淮海战役胜利纪念章、全国人民慰问人民解放军纪念章。近年来，他又获得了“庆祝中华人民共和国成立 70 周年”纪念章、“中国人民志愿军抗美援朝出国作战 70 周年”纪念章、“光荣在党 50 年”纪念章等。这是他一生惊心动魄、屡立战功的真实写照。对他而言，祖国是在枪林弹雨里诞生的，在一枚枚沉甸甸的军功章里。他站在新中国的起点上，用鲜血和坚韧铸成了对祖国的深情。令人惊奇的是，他把人生的终点也定格在了 10 月 1 日——举国同庆的国庆日。这一天对他有着格外重大的意义，我们也将在这一天永远缅怀他。

共和国的功臣，我的爷爷，您安息吧！我们永远怀念您！

下面，向李占年同志遗体三鞠躬：一鞠躬，二鞠躬，三鞠躬。

李占年同志永垂不朽！

最后，让我们怀着悲痛的心情向李占年同志的遗体做最后告别。

今年春天，我录过一期视频，叫《我想做一个在你的葬礼上描述你一生的人》。没想到半年后，我成了在爷爷的葬礼上描述他一生的人。

小学三年级，第一次写作文，写《我的爷爷》，小伙伴们向我投来羡慕的目光，爷爷从来都是我的骄傲。

对我，我想不起来爷爷说过什么刻骨铭心的话，做过什么感天动地的事，但我们一起生活的那些印记，都被岁月一针一针缝进了我最初的生命里。

爷爷走了，我生命早期的一段回忆，就被生生拽了下来。

04 进不得，退不得，身难由己

奶奶迅速老去。

从前，奶奶是大嗓门，在院外喊一声，我在地窖里都听得到；爷爷走后，奶奶说话的声音低低的。

爷爷把她的大嗓门也带走了。

我只怕时间太快，她也要离开我。

那我的童年，就彻底丢了。

我想了很多辙儿，想把奶奶接来北京同住：老旧小区没有电梯，我看好了老年爬楼机；我家没安电视，怕老人白天寂寞，我下单买了一台；把轮椅备在车后备箱，随时出门，随时能推……

可奶奶的身体根本经不起长途跋涉，对她而言，单是来到北京，已经很难很难了。

我又想，干脆辞职算了，回老家陪奶奶住个一年半载，反正给人打工，任何时候都不晚，老人不在就什么都没有了。

得知我有这个想法，爸妈每天发几十条 60 秒的语音极力劝阻，只要通视频电话，就是一通劝。

我想人生在世，大概总是这样，进不得，退不得，身难由己。

05　爷爷变成了天空中最亮的那颗星

爷爷刚走的那几天夜里，我们在老家，我调好闹钟，每隔两小时起身焚香点烛。

我怕爷爷找不到回家的路。

从前看一篇文章，作者的母亲亡故，他在家里处处撒了面粉：如果母亲回来，就能看到脚印。

直到如今我才明白，如果舍不得的人离开，你是多么希望他能回来，你不会害怕。

我一次都没有梦见过爷爷，听人说应该是在那边过得很好，对人间没有什么留恋和遗憾。

我想大约是真的。

爷爷是不太动感情的人，如果他在那边看到我每天哭哭嘀嘀的，应该也会觉得很麻烦。

生死、别离、名利，他看得都淡。

世间好像没有什么能让他放不下和舍不掉。

他是真正的无欲则刚。

我永远景仰、尊敬我的爷爷，也永远无法停止对他的思念。

爷爷，如果你变成了天上的星星，也要努力当最亮的一颗啊，这样我才能找得到你。

好好干，别走神。

章三　真正的强大不是对抗，而是允许和接受

愿你乘风破浪，跋山涉水，也愿你浪漫一生，细嗅蔷薇。

我们都曾针锋相对，抑或敬而远之，终将泪流满面

01 无用，却有心

冬末春初，我事业遇到瓶颈，家里也不太平。

老人体弱多病，输液、住院是家常便饭，医院成了第二个家。

母亲正是更年期，常失眠、梦魇、冒虚汗，脾气也总是不好。发信息给我，多是嗔怨。

我早熟，多年来承担母亲的情绪，倾听、背负、决断，以为己任。

在香港阴雨濡湿的回南天里，咀嚼她的长吁短叹。

和母亲视频聊天的时候，看见镜头对面的她脸色蜡黄，神情疲倦。

我说："走吧，去三亚。"

准备好两人全部行程的机票，订好酒店，做好攻略，我轻装启程。

母亲在北，我在南，各自抵达。

做了很多年的独行背包客，尚极简，在机场望见瘦小的母亲拎着鼓鼓囊囊的大包小包，霎时又恼，又无奈。

箱子里多是备给我的，无用，却有心。

02 故乡只有冬夏，再无春秋

在圆通宝殿，母亲虔诚跪拜，叩三首，鞠三躬。

"你许什么愿啦？老都老了，心底还有大愿望。"我打趣她。

"我黄土埋半截，能有什么大愿望？盼能许你一个好前程罢了。"妈妈说。

“好前程。”我默念。

前程何处？

我常扪心自问。

我在 18 岁的青春期，从不迷茫。

那时流行读笛安的书，同是太原人，她写：

我的故乡的孩子都在为外面的世界努力着。

我同意。

高考，对我们这一代人而言，都是重生。

重新选择城市，重新选择人生。

吃醋长大的发小，考到川大，目前最擅长的竞技是打麻将，且无辣不欢；终日饱食面条、花卷、馒头的闺蜜，在深圳读博，现在的人生信条是：无论吃了多少山珍海味，缺了一碗米饭，就不能算“吃饭”。

而我，在岭南读本科，之后又到更遥远的香港、温哥华。

从接到录取通知书的那一刻起，故乡，便只有冬夏，再无春秋。

我 18 岁时，目光坚定，态度坚决，要去远方闯荡。

可是如今，一个人闯荡了五六年，我迷茫了。

回家，还是留下？

此地鲜衣怒马，熙熙攘攘，光怪陆离；彼处柴米油盐，粗茶淡饭，偏安一隅。

只是远在千里之外的家和爸妈，我放不下。

03　她只剩下唯唯诺诺的依赖，一如当年的我

离开三亚那天，母亲归家，我回香港，她先乘飞机。

我们在不同的柜台排队等候，我办好托运，去送她。

她却排错了队，火急火燎地赶往另一柜台。

过安检时，广播已催促登机，母亲急得满头大汗，奔向紧急通道。

或许是更年期的缘故，她总是冒虚汗、易激动，常年失眠。

望着她白了七成的头发，我的心像刀滚过似的疼。

母亲手忙脚乱地过安检，又被凶巴巴的地勤喊回去，重新掏出包里的充电宝。

过了安检，母亲匆匆跑向登机口，也没顾上回头看我一眼。

那一霎，我恍然觉得，母亲老了。

想起 10 岁那年，我第一次坐飞机，去大理。

着急去洗手间，却听到飞机上广播响起："飞机开始降落，洗手间暂停使用。"

我坐在座位上，小小的人儿，用小手抹眼泪，也不敢声张。

母亲牵着我，向空姐说情，好说歹说，才放我进去。

那时的我，怯怯而躲闪，只会哭。

一恍惚，10 多年过去了，我长成果敢而刚毅的女子，母亲却连柜台都找不对了。

那种感觉不好受。

就像是我偷走了母亲所有的能耐和智慧。

她只剩下唯唯诺诺的依赖，一如当年的我。

04 母亲是我的软肋，是我讲不出再见的执念

排长队过了安检，算着时间，母亲应已登机。

但我还是走向她的登机口，碰运气，看能不能再见她一眼。

十几米开外，我一眼就望见了母亲。

她正坐在摆渡车里，埋头发短信。

我发短信过去："右边。"

母亲茫茫然转过脸，看见我，眼泪唰地就下来了。

我赶忙冲过去，想递给她一包纸巾，她没有随身带纸巾的习惯。

登机口穿制服的女生把我拦下来，说："没见过有人要生闯登机口的。"

我挺不好意思地笑笑，向母亲挥挥手。

母亲的眼泪愈发汹涌，以至于不能再好好看我，摆渡车就开走了。

车一转弯，我的眼泪唰地就下来了。

我不是多愁善感的人，那些难得的黯然、纠结与软弱，

一部分给了文字，另一部分给了母亲。

大学 4 年，小打小闹赚了些钱。

兼职做英文翻译、庆典主持、平面模特、助理管理咨询师……少数靠才华，多数靠辛苦，算是半独立。

生活不铺张，存下的钱全用来旅行，大山大水的风景看透。

最大的改变，是不再执着于聚散。

天下筵席皆有尽，聚时竭力，散时无悔。

可母亲，是我的软肋，是我讲不出再见的执念。

05 离家近是莫大的幸福

手机铃响，是母亲在摆渡车里发来的短信。

梦儿：

妈妈走了。

这次你带妈妈旅行，妈妈很开心。

你长大了，能安排好自己的生活，还能照顾别人，我很放心。

买些好看的衣服，你现在是作家，对自己好一点儿，出现在人前，要优雅、得体，别太拼。

累了，烦了，常告诫自己：静下心来，以静制动，静能生慧。

与人为善，吃亏是福。

你的路会越走越宽。

妈妈

心中微凉。

这么多年，离家在外，穿越一个又一个城市，行过一条又一条街道，仰望一片又一片天空，历经一场又一场的别离。

生活一如柴静所写："工作上学，换了不少地方，去哪儿都是拎箱子就走。不动感情，觉得那样脆弱。"

真正走到云树遥隔的他乡，才知，离家近是莫大的幸福。

06 也许有一天，我会回去

过年回家，匆匆忙忙的，只待了 3 个小时。

父母两鬓的白发再也遮不住，雷厉风行了一辈子的奶奶，经常从厨房到客厅转来转去，想不起要拿盐还是拿醋。

我心里隐隐地不安、愧疚。

为了自己的诗和远方，勇敢的人先上路，代价是错过他们的老去，不能回头。

最终，我逃离的，是生我养我的故土，也是竭力张开翅膀庇护我的父母。

母亲说："在家闲下来的时候，听《西海情歌》，里面有句'你跟随那南归的候鸟，飞得那么远'，想到你，总哭。

"经常清晨惊醒，想跑去喊你起床，怕你上学迟到，一恍惚，才知道你已经走了。

"你的小屋还像原来一样，经常打扫，好像你还在，放学就回来，我还嫌你桌子太乱……"

门前老树长新芽，院里枯木又开花。

半生存了好多话，藏进了满头白发。

小城虽小，但有我的家。

这样想来，似乎也不像过去那样急于逃离。

也许有一天，我会回去。

我只愿，归家，永远是我欣然的所望，而非倦怠的退路。

曾经有人对我说，离别是为了更好地相聚。

那么，好吧。

我在这里，等待下一场相聚。

我与父亲的和解之路

01 如果小时候听爸爸的话，一定会生活得更好一点儿

我和我爸的“战争”持续了 15 年之久。

从 9 岁到 24 岁，我们常年势不两立。

小时候，我爸对我日常不满。

小到没有良好的餐桌礼仪：筷子不摆放好，饭吃到一半离席去喝水，没有等大人上桌就自己先偷尝了一块红烧肉，饭盛好后喊了三次还没上桌……大一点到冬天不穿秋裤，顶撞奶奶和妈妈，在课堂上悄悄说话……我多数时候不服气，并且冠冕堂皇地称其为“不拘小节”。

我一直相信，在不同的年龄段，有不同的主要矛盾，在各个时期只要竭尽全力做好一件事就行——婴幼儿时期是“乖巧”，学生时代是“成绩好”，进入职场是“有业绩”——没人教过，但我天然就知道。

我擅长考试，除了短暂地在物理上“折”过两年，大多数时候都是尖子生。回到家，鞋一甩，衣服一丢，就迅速开始写作业。我没什么宏图大志，只想快点写完，多看一会儿言情小说。

我妈形容我，“所到之处，摧枯拉朽，一片狼藉”。

我爸不同，他的要求是全方位的，他希望我成为全面发展的大家闺秀，我们俩自然矛盾重重。

往后多年，直到我在最后一份工作中调岗，变成领导秘书之前，我从不考虑“过程”和“规矩”。

我注重结果，为达目的拼尽全力，但过程中会伤到谁的感情、触碰哪些规则，不太在意。

这也使我吃尽苦头。

时常想，如果小时候听爸爸的话，一定会生活得更好一点儿。

但假如不曾经历破碎，我也成不了作家。

总之，家教森严使我更加叛逆。18 岁高考结束后的那段时间，是我最不乖、最痛快的一段时光，我把父亲强加在我身上的“淑女”标签狠狠撕下，快意恩仇。

02 我爸是他的同龄人里最有才华的

我从小就有强烈的“平等意识”，不认同老师、家长天然地高我一等，认为每个人都是平等的个体，可以平等表达、交流情感。

这个理念源于我妈，从小到大，她始终与我平等对话。

从读书时我暗恋的男同学、“烦人”的班主任，到职场上蛮横的甲方、难搞的上司，我妈都能叫上名字。

如今我快 30 岁了，婚恋、跳槽、在北京扎根，遇到棘手的事仍会向她请教；她在小城的不顺心与不甘心，也会跟我说。

朋友们羡慕我有一个这样的妈妈。

相比之下，我爸却是传统的中国父亲，他非常坚毅，非常沉默，极少抱怨。

他快 60 岁了，即将变成花甲老头，但每天都工作到凌晨两三点。

他有时是给单位干活，有时是为自己写书。坚持读书，坚持写作，他从不放低对自己的要求，当然也不肯放低对我的标准。

我走过许多城市，见过许多人，依然相信我爸是他的同龄人里最有才华的。他有一种特别钻研的劲头。

我写传记，我爸也写。同样写 5000 字的短篇，我看 20 万字的资料，我爸能看 200 万字。

他要穷尽自己感兴趣的人、事、物和所有可考据的资料。

写苏东坡时，他认真查阅每一句诗词背后的故事，嚼透每一个与苏子有关的成语，在凌晨三四点给我发消息："汉书下酒，浮一大白，人生快事。"

我爸那一代人，表达远没有我们这么方便。

在这个时代，自媒体、互联网让个体发声变成可能。我写一篇《鲁迅妻子朱安：一生欠安》发在公众号上，一个月文章的阅读量就破千万，也就是说，大约有1千万人看过这篇文章。

而在他的青年时代，投稿要把手抄本装进信封邮递。

几经周折，一篇稿子在路上就要走一个月。

那时，他给全国顶级的报纸、杂志写专栏，是山西知名的作家。在人均月工资不过百元的年头，他每个月光拿稿费就有四位数。

03 我爸从不允许尊严破碎，永远展翅高飞，保持愤怒

从祖辈起，我们世世代代背井离乡，一向不知何谓“故土”。

爷爷从北方一个破落的小山村出发，一路行军打仗来到云南，又转业回到县城。我爸从县城到省城，我从省城到京城，每一代都竭尽所能，一点一点接近更辽阔的天地。

“家乡”何在，倒很难讲。渴望远行的人，不能眷恋归属。

回望我爸这半生，频频转变身份。

他最初在县城当公务员，颇受领导青睐。那时他二十出头，正是“黄金时代”，对一眼望穿的生活感到疲惫，报名参加单位的公费进修，来省城读政治经济学。

在学校，他认识了我妈，毅然放弃县城的锦绣前程，为爱远走，在同学间一时传为佳话。

在省城太原，他先做出版社编辑，后进报社当主编，没想到报纸竟遭遇休刊。

我爸又转行进了省电视台。隔行如隔山，从报纸到电视，同是新闻，语境却迥异：报纸要求书面化，电视要求口语化；此外，还要重新学习编导、剪辑等技术。

那时他每个月有20天在出差采访，剩余的日子每晚加班，在机房通宵审片、剪片。

没过几年，他拿到全省第一个“中国新闻奖”，去九寨沟领奖，一时间在单位风头无两。

不久，他又获了大奖，其他部门的台领导想挂名评优，我爸说：“这个片子您全程没有负责，不应该挂名。”

他这一生，宁折不弯如此，却也为他的坎坷仕途埋下了伏笔。

因为报道揭露了许多黑煤窑、黑企业，在他的办公室，有人送了块匾，上书“仗义执言”。我想这是他当记者几十年，职业生涯最真实的写照。

汪峰有一首歌：“谁知道我们该去向何处？谁明白生命已变为何物？是否找个借口继续苟活，或是展翅高飞保持愤怒。”

半生漂泊，半生辛苦，我爸从不允许尊严破碎，永远展翅高飞，永远保持愤怒。

04 24岁，我与父亲终于和解

前些年，伯伯突生重病，去海南休养，爷爷奶奶都是我爸妈在照顾。

疫情防控期间居家办公，我爸每天给爷爷奶奶做六菜一汤，不重样。

爷爷离世，我爸坚持给爷爷守灵好几晚。

我说我替他，他说你大老远赶来，回家睡觉。

葬礼办完那天，送走所有亲友，他坐在沙发上垂着头打盹，满头白发，满眼血丝。

若不是常年健身，依然拥有饱满的胸肌和肱二头肌，远看简直老态龙钟。

对爷爷奶奶，他每天都想着带他们吃什么、玩什么。疫情暴发前，我爸妈带爷爷奶奶去井冈山，爷爷腿脚不好，坐轮椅，我爸一路推着他，游遍全城。

早年帮我跟人打官司，他恐高，最怕坐飞机，却来来回回飞了那么多次。

我爸对自己节俭得很，根本舍不得给自己买好衣服，身上的一些有质感的衣裤都是我给他买的。买回去他能一直穿，逢人就说，是女儿买的。

但亲友间无论谁家有难，我爸定会慷慨解囊。我们家不富裕，但帮助过好多远房的姑妈伯婶。

他本不必这么辛苦。

但可能是天性，他天生就是这样的人，先天下之忧而忧，把每个人的苦难都背负在自己肩上，对所有亲朋好友尽心尽责。

家人、朋友遇上事儿，总会第一时间向他求助，仿佛他无所不能。

从我24岁起，我爸突然不再唠叨我了，反倒换成我妈，时常对我表达不满。

他说我工作尚安稳，才华能饱腹，在对我的管理上，他可安心“退居二线”。

我们两人漫长而激烈的对峙迅速走向终结。

很难说是否有某一处分界，我与父亲终于和解。

我想，如果将来我成为像我父母那样的家长，我会认为自己非常成功、非常伟大。

老友记

不知是不是筹备第三本书的缘故，我最近时常忆往昔。

明明调换到更加忙碌的岗位，加班成了家常便饭，却因为脑子越用越灵光，难得休息时，头脑也会不受控地思来想去，回首向来处。

又或许，单纯是因为老了。

01 从那以后，我再不害怕登台了

认识王书，是 10 年前的事。

那时，我刚从太原跋涉千里来到广州，开启了张扬恣意的大学生涯。

学院举办迎新晚会，我和王书作为大一新生，都是歌手队的队员，被分配唱一首对唱歌曲。

第一次登台亮相，我们下了许多功夫练习。

彼时军训，按身高排列队伍，王书跟我差不多高，离得不远，所以我们有时间就合一合。

午休时，训练毕，也总在练歌。

终于迎来彩排，但以王书跟不上拍子、我唱不上高音“圆满”告吹。

队长深感惋惜，临时更换曲目，从《因为爱情》换到《心愿便利贴》，我们又开始废寝忘食地学歌。

好在这一首简单，最终的舞台效果还不错。

从那以后，我再不害怕登台了。

02 我把青春密密匝匝地缝进了广州那座城

我第一次吃早茶，是王书带我去的，在广州上下九步行街，有一家知名茶楼——陶陶居。

王书是广东人，娴熟地点了一桌子小点心，每一个都好吃。

得遇王书，我才迅速融入那座遥远而陌生的城市，直把他乡作故乡。

多年以后，陶陶居开到北京，王书在人大读博，我第一时间喊他前去品尝，果然没有广州的好吃。

一向认为自己生了一个广东胃，尽管后来回到北方，却总是钟情粤菜。

2019 年，去深圳出差，转道回广州看老师，一进校园，紫荆花的幽香扑面而来，我在朋友圈发：大约也是一种故土难离。

那么多年过去，依然迷恋“大湾区的哥哥”，中意粤语歌，喜欢和广东的同学打电话，听裹挟着亚热带季风气息的“白话”。

那是我一生中最好的年纪，我把青春密密匝匝地缝进了广州那座城。

03 我们在海边狂奔，吃最地道的海鲜大餐

王书的老友分布在粤港澳各处，假期，他常带我前去看望，顺道旅游。

去温柔了岁月的珠海——海是珠海的眸，澄澈而深邃，写满曲曲折折的故事，轻轻上锁，锁起那些年的惊心动魄，与世无争。

行走在海滩上，任海风吹乱我的发，亦吹乱我的心；任海浪打湿我的鞋，亦打湿我的梦。

俯身，拾得缺了一角的海螺，幻想里面写着《海的女儿》的童话；看小螃蟹霸道地横行，对我这个庞然大物熟视无睹；坐在沙滩上让细沙钻进鞋子，带它游历世界；拾起小石子，斜身打一串水花，划一段童年故乡小河的弧线。

我们在珠海未经开发的海边狂奔，跟海鲜店老板疯狂砍价，吃到最地道的物美价廉的海鲜大餐。

去惊艳了时光的深圳——漫步于深圳大学，弥天盖地的绿，像北国小城的森林公园。

奔跑的猫咪连贯成生动的图画，不由得想起《爱丽丝梦游仙境》里的那只老猫——一吹胡子，坏坏一笑：跟我来。

两只肥猫懒懒地卧在横木上，却在我迂回到它们身后掏相机的一霎，华丽转身。

灵慧的猫咪竟有如此强烈的镜头感，着实惹人怜。

路人甲乙无不妆容美美、窈窕绰约，随处可见打扮入时的“帅哥”，仿佛闯入《爱情睡醒了》的场景中。

去澳门看一场浪漫的国际烟花节——街边的猪排包好吃到嘴角烫起泡都无知觉；城市不大，所有“网红”景点连缀成一片，抬眼可见。

我对岭南早期的记忆，都与王书有关。

后来，王书家里陡生变故，那是另一个故事，却最早让我看清世事无常。

从那以后，王书每个假期都回家，我有时泡图书馆，有时外出兼职，无忧无虑的时光竟一去不返，彼时的我们却浑然不觉。

04 王书是我借过钱还没翻脸的朋友

因为家中突生变故，王书有一段时间非常迫切地渴望赚钱。

他本是不食人间烟火的学究气质，突然跌落凡间，我知他艰难，不斥他铜臭，只是陪伴。

和他一起去校外一间衣帽店谈“合作”，还煞有介事地写了“商业计划书”。

两个完全不懂商业、书生意气的大学生一头闯进店门，真不知店家当时怎样想。

但那个中年男老板并未嘲讽，反而称赞我们很有想法：“如果可以实现，我可以给你们投一笔钱。”

王书和我又相继合计了许多生财之道，并一一实践，早已忘记赚没赚到钱，只记得那时血气方刚，不知辛苦。

在 2013 年前后的“大学生创业”浪潮中，真庆幸，我们在广州，那是一座敢想敢做的城市，不问出身，不问学历，所有梦想都被尊重。

我姥爷临终，妈妈长期守在老家病床前，竟然两月余忘记转给我生活费。

家教费、奖学金花光，不忍向悲痛欲绝的妈妈张口要钱，王书慷慨解囊，拿给我 300 块，没几天又给我 300 块，这些钱对那时的大学生而言已是一笔巨款。

我省吃俭用，他也省吃俭用，总算熬到我妈想起千里之外还有个“嗷嗷待哺”的女儿。

王书是我借过钱还没翻脸的朋友，当算生死之交。

05 相知十年，得友若此

我毕业后几经颠沛，终于回京，他在广州读研，逢年过节都会发短信问候。

听说他要来北京读博，我第一时间向所有同事宣告这一喜讯。

那时我还没读研，在京三年，没有同学、朋友，只有同事、前同事，与同事的关系也淡漠得很。

王书来了，我在这个城市就终于有朋友了。

他乡遇故知，实乃人生幸事。

王书修读中国古代哲学，几年不见，愈发仙风道骨。

我常感困惑，听他讲几句，似醍醐灌顶。

他说人的毕生所得本有定数，汲汲于名利是外求，是劳而无功，只有不断向内修为突破，才能将所得之边界拓宽；他说君子所求真善美，不为彰显，只为内修；他说我应当再多读一些书，往更深处想一步，就可以脱离当下的苦恨。

每次见他都像去受洗，能让我躁动的内心平静许久，一如《初刻拍案惊奇》里讲的“甘露洒心”。

再困惑时，再去见他。

王书孜孜不倦地渡我、开解我，望我开悟，从不说没空。

现代人交友都有一定的功利性，我却没有任何能帮到他的地方。

尽管如此，每当我向他求助，他都慢悠悠地坐在粤菜馆等我，听我火烧火燎地描述“案情”，再用广东普通话慢条斯理地帮我分析。

我为人执拗，不太听人劝，但王书讲话，我总听得进。

相知十年，得友若此，别无奢求。

常想一二，不思八九

来长沙，因一时兴起，忽然想尝尝闻名遐迩的“网红”奶茶。

五个钟头的高铁行程，竟在一场连月来最沉的睡眠中度过，以至凌晨四点能在酒店清醒地码字，真是昼夜颠倒。

听说长沙遍地洗脚城，时间尚早，我寻着人气最旺的一家，进去泡脚，也是非常养生的旅程了。

旅途中，我不喜欢在“网红”景点依次拍照，更想体验本地人的生活，尽可能融入其中，这是我心目中“去远方”的意义。

01 不被偏爱的人，很难有出格的勇气

恰逢老友在湘调研，相约去探颇负盛名的小龙虾店，据传此店每天客流量过万，等位号码牌以千位计。

开始等位时，前方“战场”还有两百来桌，于是我在店外火炉边烤脚。

不远处有个醉酒的男孩，醉到非常痛苦的状态，简直肝肠寸断——想不到吃小龙虾都能吃出此等情感。

同行的几个年轻男孩搀着、架着、抱着他走，一会儿排成“人”字，一会儿排成“一”字，千姿百态。

看起来不像应酬，也没有油腻感，估计是这一年过得很辛苦吧。

我忽然想，能如此不体面地大醉一场，未必不是一件美事，可信任的兄弟在旁，不怕被奚落和遗弃，应该也很难得。

正如朋友讲，女友是“半夜两点钟醒来非要喝茶，喝不到就哭”的女生。在座的我们，听闻竟有些羡慕，旁若无人纵着、宠着，哪敢这么理直气壮地无理取闹呢？

而有的人，一辈子都没有不体面过。

我不知哪种人更幸运。

02 “自由而无用”的灵魂

老友姗姗来迟，对我“在餐厅等位”这件事上彰显的不凡耐心惊叹不已。想来我这颗“自由而无用”的灵魂，似乎总在无关紧要处耽误时光。

那些被挥霍掉的青春都去哪儿了呢？

或是学生时代，一晚，梦见西湖泛舟，醒来便坐着绿皮火车，风尘仆仆地到苏堤；或是重读《边城》，翌日黄昏已站在凤凰古城的沱江畔，怀想“等待着不知归期的故人”的翠翠，俱为女子，我身心已憔悴；或是看《大鱼海棠》，旋即乘飞机到漳州土楼前，默念“生命就像横跨海洋，有时相遇，有时分开；在地球的光里，在人类的爱里，我曾见过你”。

这些年，荒唐之事一桩接一桩，层出不穷地突发奇想，不务正业地天马行空，愚且鲁，任性冒失，不计后果。

做过太多无用之事，抛掷过无用之情，养着些无用之趣。一不小心跌进当妈的岁数，听老友讲“我看你就是一个小孩儿”时，也开始萌生一丝羞愧。

大约便是词人言:“流光容易把人抛,红了樱桃,绿了芭蕉。”

这倒是没什么不好，再熬 30 年，起码还是个随心所欲的老太太。

03 每一种人生状态，各有其美好

跨入 25 岁后，身边的女性长辈忽然不再关心“新书几时出”“研究生能否如期毕业”“年终奖发多少”这类问题，转而询问“什么时候能找到男朋友”。

但我却有自己的坚持——我深信“活在此刻”就是幸福的秘密——所以从容，所以坚定。

每一种人生状态各有其美好，独身的人拥有自由和期待，婚恋中的人拥有陪伴和亲密。在人生这场长跑中，不过是两个阶段的长短配比不同罢了，有异同，而无高下。

拥有自由时，不必为没有戒指而焦虑；走入围城，也不应为失去自由而懊悔。

活在将来和过去都不明智，往者不可谏，来者未可知，珍惜并享受当下的一切，才是最好的安排。

常想一二，不思八九——别强求，得不到的，都不重要。

跨年时，问身边的伙伴有什么新年愿望。似乎这一年，我们都没有特别渴望的新年愿望。我更愿意相信，这是因为大家对现状都算满意。

那就祝我们：来年持续奔走在热爱里，全糖去冰。

保持活力，偶尔撤退，时常欢喜

01 没有白走的路，每一步都算数

昨天，和一个老朋友打电话，她说最近看一档对谈节目，嘉宾说：“最累的时候想着不拼了，回老家，喝酒喝到死也行。”

她说：“人活着，最怕的就是说‘也行’，对现实妥协。”

我说：“我以为你会留在香港。”

她说：“我回老家了，我选择了‘也行’。”

沉默了一会儿，她又说：“你好像从来都不会选‘也行’。”

我陷入沉思，感慨良多。

上大学前，我满怀憧憬，问在中国科学院大学读博的表哥："大学里最重要的事是什么？"

他的话让我至今受用："增加阅历。"

在人才市场做办理落户的窗口柜员，在NGO组织（非政府组织）里服务"边缘青少年"，在教育机构做英语老师，在杂志社审稿，在电视台审片。

闲时去不同的城市走走看看，试图去体验当地人的生活。

去了解哪座城市的气质更适合你，在哪儿更能发挥你的才华，更有利于你承担责任，比如照顾家人。

选择城市，选择行业，选择公司，总需要一些运气，却也不能全都交给命运。

知道自己要什么很重要，但没有人生来就知道，只能不断尝试，在试错和摔倒中，渐渐看清你想要的生活的模样。

在南方读书多年，回京没有同学，连帮忙介绍的人都找不到；但我是独生女，长辈慢慢老去，离家太远，照顾不到，互相都不放心。

从行业头部公司跳槽到出版社，朋友觉得不可思议，但我很清楚自己现阶段的人生重心——毕业3年，25岁，工作不能再是我人生的全部，我另有其他人生规划。

成熟以后，对自己的人生和身边的人都要更负责任。

关键问题想清楚，自然就不焦虑，也有时间善待自己，好好生活。

当我听到同龄人的焦虑和迷茫时，我突然不再怨恨曾经吃过的苦，也放下了所有自伤自怜，好像曾经的磨难和委屈一时间都有了着落。我感恩那些崩溃的、孤独的时刻，因为经历过这些，我才清晰地望见前路，并珍惜现在所拥有的一切。

没有白走的路，每一步都算数。

02 自洽，才完满

20 岁，我听过的最好的劝告是“你一定要努力，但千万别着急”。

如果你还年轻，对探索世界还有更多渴望，那就走出去，多尝试，去折腾，去闯荡，别怕跌倒和流泪，阅历无价，会让你受益终身；如果你已选定人生方向，愿你不攀比，不自毁，脚踏实地，专心走好眼前的路。

要么改变，要么安定，最怕的是困在人生的僵局里，进退两难。

我很喜欢古人的一句话："醉花宜昼，醉雪宜夜。"意思是喝酒应有合宜的时间、场景——若在花间畅饮，应该在白天，阳光明媚，欣赏花之娇艳；若在雪中对酌，应当在夜晚，月下领略雪之皎洁。

我们总会遇见岁月的阳光与阴霾，路过生命的欢愉和缺憾，保持活力，偶尔撤退，时常欢喜，已是幸福的一生。

最重要的是：自洽，才完满。

有时，仅一道光，我们就找回了与这个世界的初恋时光。

现在拥有的时光，已是最好的时光

01 小日子，已是好日子

我总觉得，跨年夜不是一年的终点，发年终奖的日子才是。

收到 HR 发来的邮件，告知我“2021 全年度无年终奖”，这一年终于潦草收尾。

回顾 2021 年的工作，全年创收百万、获评“十佳”、行业赛获第一名、优质内容输出海外，都历历在目。因人员流动转岗，一度兼做 3 个岗位，连续加班 2 个月，持续一周干到凌晨三四点，晕倒在工位……到了发奖金的日子，却依然颗粒无收。

职场不易，经济形势不好，行业年年走下坡路，打工人互相安慰：没被裁员已是万幸——这一年，实苦。

好在工作之外，有其他值得庆幸的事。

研究生毕业，买房装修，完成了几件人生大事；观影 90 部，读书 50 本，探店 40 家，学做 30 道新菜，达成年初定下的“生活小目标”；写作事业迈进一步，出版了第二本书，成绩尚可；公众号是有史以来更新最勤的一年，单篇阅读量首次突破 1 万；读书短视频全网播放量超过 100 万，原本是工作任务，却促使我读了更多书，曝光量迅速增加；虽然旅行步履放缓，但油菜花季在婺源，盛夏去了稻城亚丁；新书交稿，老书增订版即将交付印刷……

这些具体的“实现”都关乎自己，带给我们愉悦感和成就感的，都是微小的生活琐事。

小日子，已是好日子。

02 在时代的激荡中守住内心的安宁

当下，摆在我们面前的是一个机遇——一个把目光收回自身，让心思回归日常的机遇。

不再汲汲于向外探求名与利，不再于熙熙攘攘的人群中挤占自己的位置，不再渴望占据更多外物来证明自己的价值，不再高喊改变世界，只是精耕细作着自己的一亩三分地，蓬蓬勃勃，盈盈满满。

我们突然发现，能把最平凡的日子打理好，才是一个人真正的能力。

打卡“网红”景点、餐厅不难，静下心来读一本书不易；在酒桌上和客户推杯换盏不难，与家人朝夕对坐、和睦相处不易；人前高谈阔论不难，深夜面对自己不易。

看经济学家的跨年演讲，有一句话令我很受触动：“2022年，‘好心情经济’的商业时代到来了。”

他说，现在的年轻人有了新需求——刷牙要有个好心情。

所以诞生了菠萝椰奶冰淇淋、丝绒可可冰淇淋、白桃乌龙冰淇淋等口味的牙膏，牙膏从功能型产品变成了具有审美能力的社交型产品。

可见，越来越多年轻人开始关注自己、关爱自己，购买可以“悦己”的商品，为好心情买单。

历史的车轮滚滚向前，当我们进入存量时代，无论怎样努力，都无法占有更多财富、人脉、地位时，不如停下来，向内修为——扪心自问：我快乐吗？我完整吗？我自洽吗？

焦虑不安时，读书，观影，写作，养花，烹饪……专注做一件具体的事，不虚浮、不流于表面，它们不会离你远去，永远能给你最忠实的陪伴；健身、护肤、冥想，呵护身心，在时代的激荡中守住内心的安宁。

新的一年，愿你习惯孤独，在日复一日的庸常中，找到足以安身立命的幸福。

因为我们现在拥有的时光，已是最好的时光。

章四　你就是自己的答案

生命不过是一场日趋圆满的体验，

尽兴此生，输赢皆有意义。

生如长河，你要自渡。

过去事已过去，未来事不必预思，

我就在此地，如如不动，允许一切发生。

成长是一场冒险，勇敢的人先上路

八月，那场兵荒马乱的青春，兀地画上了休止符。

那些年的执念、羁绊、藕断丝连，此刻终于尘归尘，土归土。两不相欠。

我们的回忆没有褶皱，我却用离开烫下句点。

发微博说：“换个城市，忘记前尘，好好生活。”

于是，我离开生活了18年的城市，孑然一身，漂洋过海。

在机场，耳机里萦绕着陈奕迅深情款款的声音，听着《陪你度过漫长岁月》，泪雨倏地蒙了眼。

向世界举手投降之前，我想再陪你一段。

陪你把沿路感想活出答案，陪你把独自孤单变成勇敢，陪你把想念的酸拥抱成温暖。

陪你，一直到故事说完。

航班的终点，是一个陌生的国度，一个从前只存在于新闻和天气预报中的城市——温哥华。

过海关时，回头望这座花城，像告别一场可有可无的爱情。

满目沧海。

成长是一场冒险，勇敢的人先上路。

01　每晚互道晚安

那是一季盛夏。

万物蓬勃，一切向暖，夏意盎然。

温哥华夏阳不辣，轻暖轻寒。

下午三点放学，回寄宿家庭。

男主人在银行上班，西装革履，朝九晚五，很体面。

他会陪我去最大的购物商场买日用品和手撕的公交车票；偶尔早起，他开车送我穿过一条条街道，停在 UBC（加拿大英属哥伦比亚大学）北门喷泉前；在我和小伙伴去伊丽莎白女王公园踩单车的傍晚，他开着电视，等我回家。

他曾在和我一样的年纪，一个人背井离乡，去芝加哥学美术，他深知人在异乡的苦。

女主人是日本人，是那种很拼、很努力的女性，处处要强，英语说得不比当地人差。

保姆阿姨是菲律宾人，会在我每一个手忙脚乱、险些迟到的清晨，特意为我煎一个最爱的荷包蛋，有时也炒米饭，成全了我对米饭的情结和执念。因为她，我的留学生涯才没有那么难挨。

寄宿家庭里还有 2 个小朋友：姐姐 7 岁，长得像妈妈，黑头发黑眼睛；弟弟 4 岁，像爸爸，白皮肤蓝眼睛。

我经常和他们手舞足蹈地聊天。

他们正是牙牙学语的年纪，咿咿呀呀，口齿不清；我刚出国，口语很差，和他们聊天，经常急得不知所措。

每天下午五六点钟，在家门口的草坪上，都有一个穿旗袍的中国姑娘带着两个加拿大小孩，撒着欢儿，唱着歌，比画着奇怪的手势，在“聊天”。

最顺畅的沟通，是每晚互道晚安。

我教他们说中文——晚安，W-A-N，A-N。

02 所有的乡愁，都是因为馋

为了提高留学生的英语水平，学校不允许我们讲母语，被逮到要扣分。

人前都是“Excuse me”，背地里，我和一个上海姑娘，总是偷偷摸摸地说中文。

我们在“地下交流”中，日益情比金坚。

彼此陪伴，走遍了加拿大的高山大川。

在惠斯勒雪峰，坐 Peak to Peak（两峰之间）缆车椅。几千米的高空，悬着两条腿，没有玻璃挡板。她恐高，一路呼啸，生生把缆车坐成过山车。在校内酒吧喝生啤，我们两个女生毫发无伤地喝倒一桌男生，仍面不改色心不跳。千里迢迢，换了无数趟车，只为去唐人街寻一家“小肥羊”，吃久违的川味火锅。

那天我们都吃了很多，边吃边红了眼眶。

大概不是因为火锅沸腾的热气，而是因为想家了。

十八九岁的年纪，漂在海外，山长水远，举步维艰。

所有的乡愁，都是因为馋。

正如费老在《乡土中国》里写的：“我初次出国时，我的奶妈偷偷地把一包用红纸裹着的东西，塞在我箱子底下。后来，她又避了人和我说，假如水土不服，老是想家时，可以把红纸包裹着的东西煮一点汤吃。这是一包灶上的泥土。”

胃知乡愁。

想家时，多吃点，心就能不那么疼。

多年以后，我们都离开了温哥华。

我在香港，她在台湾，依然像从前，会对彼此说声“晚安”。

03 我养成了每晚发短信对妈妈说“晚安”的习惯

那时，妈妈还不会用微信，国际长途费用昂贵且信号特别差，我们约好，每周打一次 QQ 视频电话。

那天，我去维多利亚上校外课。

在船上，我收到 QQ 提示：“您的 QQ 账号在另一地点登录，您已被迫下线。”

我没在意，以为是网络问题。

晚上回到寄宿家庭，打开电脑，妈妈的 QQ 消息一连串地发过来，原来我的 QQ 账号被盗，骗子骗走了妈妈两万块钱。

“你看不出来他是骗子吗？”我嗔怪她。

“对方一直称呼我妈妈，说留学部让赶紧缴费。”妈妈委屈地说。

“我什么时候那么紧急地问你要过钱呀？一听就是骗子嘛。”

“正因为你从不张口要钱，头一回问我要学费，我才想着肯定是急用。骗子发消息给我，‘妈妈你连我都不信了吗’，还发流泪的表情，我瞬间心软了。就算被骗，也好过你急用钱却拿不到。你一个人在外面不容易，无依无靠……”妈妈说着，竟哭起来。

我所有的坚强，霎时溃不成军，泪水决堤。

“没事，两万块钱而已，我勤工俭学，很快能赚回来。你别难过。”我宽慰她。

“你别去勤工俭学，吃饱穿暖，把自己照顾好，学点知识，开阔眼界，就是妈妈最大的心愿。你现在这么优秀，飞那么远，妈妈没有能力保护你了，唯一能做的，就是为你祈祷，祈祷你快乐、平安。”

从那以后，我再也没有用过 QQ。

我养成了每晚发短信对妈妈说“晚安”的习惯。

往后多年，命途不顺，辗转过许多城市。

在兰州，在南京，在香港，在北京，不论身在何处，总会准时发短信，后来是发微信消息，跟妈妈说句“晚安”。

如果今生注定四海为家，我能做的，只有竭尽所能，不让妈妈太担心。

04 温哥华，陪你说一世晚安

我看过沙漠的烈焰，看过深海的蔚蓝，看过黄昏的慵懒，却只想陪你，说一世晚安。

当年等我回家的男主人、送我香水的女主人、跟我学中文的姐弟俩、为我煎荷包蛋的阿姨，你们现在都好吗？

那个和我一样是路痴，却陪着我把加拿大走遍，天天试图用三明治换我米饭的上海姑娘，现在还好吗？

隔着 15 个小时的时差，听我牙尖嘴利地吐槽“留学生露水情缘”的你，现在还好吗？

温哥华，陪你说一世晚安。

谢谢你，陪我把故事说完。

拥有松弛感，成为有格调、有温度、有人情味的人

九月开学季，终于又成了一名在食堂窗口排队打饭、在校运会上走方阵、唱校歌的学生。

读书总会令人心怀热望，毕业以后一切未知，仿佛因此拥有无数重塑人生的可能。哪怕已见识过人间颜色，知其“只是抹去了脂粉的脸”。

报考中国科学院大学，除了想与“家族之光”的表哥当校友，更为学校的周全和坦荡所打动。

面试成绩当天公示，毫无拖沓遮掩；复试体检的采血室旁，一位头发花白的教授等待自己的学生，只为在明天答辩前再叮嘱他几句；从收到嵌着“龙芯三号”的录取通知书，

到开学典礼日为迎接2019级新生发射一颗卫星上天，让人不由得生出某种自豪感和归属感，没有人不眷恋你的容颜。

01 没有任何事情发生，暮色成了一件大事

10月里的假期依然属于旅行——吴哥城。

听闻吴哥窟，始于《花样年华》，吴雨霏唱："心声安葬在岩洞……越要退出越向你生命移动。"

相逢于海，相思作局，从此人在剧中，悲喜随你。

奈何心上人是水中月，深情不合时宜，却入了骨。

"原谅你太理性，与我在一起要守秘密；原谅我太野性，想这段情更深刻。"

爱而不得的辗转，秘而不宣的隐忍，唯有幽暗的晚空记得。

直至我亲临吴哥城，看到的竟远非儿女情长，而是坚韧、沉重、对抗天命的不屈。

这里曾历经战乱、饥荒、被殖民，遍地狼烟。

在人比野兽更凶残的屠戮中，却步步佛像，处处天堂。

高耸巍峨的佛像面容祥和，静穆地微笑着，人称“高棉的微笑”。

有人写吴哥之美：这个民族虽充满苦难，但一尊尊佛像“仿佛从污泥的池沼中升起一朵莲花，那微笑成为城市高处唯一的表情，包容了爱恨，超越了生死，通过漫长岁月，把笑容传递给后世”。

天灾人祸都不曾使他们惊惶忧愁。

这个惊世的古国，从高度善良、极度浪漫中淡出，带着悲情与苦难，沉默着，等待着。

身处其间，震撼难言。

02 离去 3 年，仿佛归家

前段时间回了趟广州，离去 3 年，仿佛归家。

早茶店里花一上午时间“叹茶”的阿公阿婆；地铁里熟悉的粤语报站；永远人潮汹涌的体育西路换乘点；学校的西门麻辣烫店仍在营业，还做了灯牌——这或许是我用整个青春换来的，对这座城市的依赖感。

生长在骨血里的亲切，今生亦难抹去。

去拜访一位老师，她是我荒诞的“后青春期”的见证者，为我离经叛道的种种前尘深表惋惜。

人生的步调乱了，所有的路都走到更狭窄的一边。

一步踏错，步步艰难。

所幸，身旁一直有老师和前辈愿意竭尽所能、不计回报地指引我、帮助我，让我相信这世上本没有正确的选择，只是我们全力以赴，才让当初的选择变得正确。

直到毕业 3 年，生活渐入正轨，心情才晴朗许多。

而老师渐渐老去，腰部近来做了手术，见到我，还是拿我当小孩，生怕我过得不好。

临行时，老师执意送我去地铁站，她腿脚受了伤，天黑路滑，不留神一个趔趄，膝盖着了地。我赶忙扶起老师，她崴了脚，还要再送。我赶火车，不能多陪老师待半刻，难过得落泪。

走出很远，老师还在原地望我，我的心像被狠狠地揉了一把。

回首来处，少不更事，惹了不少是非，父母一夜白头，老师日夜牵肠，我总归是惭愧。

往后只愿能让所有爱我的人都满意，不辜负信任，也不愧对深情。

03 看似文弱，内心强势得很

初看《千与千寻》时 10 岁，恰与影片女主角同岁；往后 15 年，重看了不止 20 遍。夏天去看《千与千寻》的首映，虔诚得几乎要沐手焚香。

故事讲的是一家三口在森林里迷了路，误闯一座鬼城，爸妈被施了法，变成了猪，小女孩历经千险，救出爸妈。因为她善良、勇敢、真诚，交到不少知心朋友。

我对等待拯救的灰姑娘、睡美人兴趣寥寥，却喜欢《千与千寻》这类剧情，同款还有《海的女儿》和《六只天鹅》。

小美人鱼把婉转的歌喉丢在巫婆手里，为救心爱的王子化作海上的泡沫；小公主的 6 个哥哥被魔法变成天鹅，她 6 年不发一言，差点被当作巫女活活烧死，终于帮哥哥变回人形。

这些故事都关于女孩的独立与成长，她们生来柔弱，但面对家人和爱人，用尽所有能量去救赎，去保护，去成全。

我妈说我看似文弱，其实内心强势得很。

若心里没有棱角，怕也吃不了写作这碗饭。

04　每个人都站在自己的世界里体察人间

单身时，好朋友东东总结我“年纪渐长仍情感无着”的原因：“你拥有独立的自我和坚定的内心，这是你想要的生活，不要给男孩子错误的信号。”

只是，我们想要过怎样的生活，又怎能一言以蔽之？幸福是高度个性化的，每个人都值得拥有一种被自我定义的幸福，这幸福有其独特性与创造性，不能用某种“标准”来衡量。

有一位央视女主持人写下自己姥姥的语录。女主持人常劝小辈，平平淡淡才是真，别期望大富大贵，平平安安就是好日子。

结果她的姥姥表示反对，说她没说实话："人生来就是普通人，没有能力便罢，有能力为什么不上山顶去看看？山顶上看的东西和山底下看的就是不一样；没能耐的人，一辈子都在山沟里，真是白活了。平淡是真，普通是好，都是懒人的说辞。要是山顶上的能人说实话，保准会说他不后悔，下辈子还要上山顶。"

老人家抱持朴素的勤俭努力、克己奋斗的价值观，教出的她自是看尽风光。

但精进拼搏是一生，知足常乐却也未必不是福。

另一位央视女记者辞了职，回了老家，正式投奔生活去了，日子简单安逸。她说，原先一直以为青春就指青春期，差矣，青春是某人一生中能够识别、享受美好的时期。所以有人终生是青春，而另一些人终生都没有经历青春。

她们二人，前者不知"在田埂上看水牛吃草"之乐，后者或难"常住全世界最高级的酒店"，每个人都站在自己的世界里体察人间。

这一生，有人为了美，有人为了赢。

只是我希望你有权选择做一个平凡人，在自己的一方天地，真实地联结着同样不显著的平凡人。终其一生也不被太多人看到和记住，但是平衡，但是自洽。

知道来处，知道去往，做一个完全的人。无畏外界的声音和目光，在知足常乐中循序渐进，在能力和心力的承受范围内做到最好，不挑战身体极限，也不埋没被赏赐的才华。

拥有松弛感，成为有格调、有温度、有人情味的人。

永远珍视自己，永远善待自己。

给自己一点儿时间，允许一切发生

我最近摔了一跤，老命丢了半条。

好不容易休假，机票、酒店早早订好，攻略做了几千字，谁承想竟全用来卧床养伤。

倒也躲过了突发的疫情，算是不幸中的万幸。

回想 2020 年初，去牛津大学做交换生，刚落地伦敦，武汉“封城”，国内航班停了；回国第 4 天，国际航班不能入境……而我“完美”闪避，在疫情的夹缝中，安全学习了一个寒假。

这次，我刚回太原，走后第 3 天，小区有了确诊病例。

旅行计划、工作计划悉数搁浅，人生突然停摆，急也没用，只能在家乡拖着病体写稿。

01　人生有些时候，大约真的需要等待

闺蜜来探望我，她最近在喜欢的城市谋到一份非常满意的工作，趁入职前的空档赶来看我。

我这闺蜜是个狠人。

考大学，与理想高校一分之差，愤而复读；大学读英语专业，考取各种证书，大二快结束时，旁听了一节西班牙语专业课，忽然找到此生挚爱，毅然换班；半途转专业，保研和考研的难度极大，她拒绝调剂，生生考了 2 年，终于上岸；不想读自己导师的博士，考博落榜后，不同意调剂；又错过秋招、春招，没有合适的工作，她索性在家观望、学习，待业 1 年，终于谋到称心的工作。

她今年 30 岁，还没赚到真正意义上的第一桶金，但她一点儿都不急。

考大学、选专业、考研、找工作，30 岁前的每一件大事，

她从不妥协。

职业生涯三四十年，随便选个岗位将就，或许当下可以应付长辈，后面却是漫长的无奈和不甘。

她说："我们这一生会遇到许多混沌和不安的时刻，走不出去的时候，我就待在原地坐一会儿，因为我相信，总有走出去的一天。"

这句话，别人说，或许是"鸡汤"；她说，我信。

复读、待业，对每个年轻人而言，都是最难熬的时光，只有拥有强大的内心和真正的坚定，才能矢志不渝，毕竟妥协容易。

那些跑得快的、"赢在起跑线"的我们，谁能像她一样，每个选择都让自己满意呢？

我们无数次被生活掀翻在地，却没有勇气，更没有耐心，在原地坐下，抚慰一下受伤的心灵，整理一下凌乱的脚步。我们害怕被同龄人抛弃，等不及拍拍身上的尘土，迫不及待地再上路，生怕磨刀误了砍柴。

不知反思，反而摔了更多跟头。

诗人德里克说："坐下，尽享你的人生。"

我想，人生有些时候，大约真的需要等待。

02 处变不惊，是对时间的敬畏

我一直喜欢一位演员，去年看他的一档真人秀节目，印象很深。

节目录制时，他和另一位常驻女嘉宾突然接到春晚彩排的通知，两档节目撞期，只能二选一。

女嘉宾焦虑到落泪，一直在碎碎念：赶不上彩排怎么办？错过录制怎么办？能不能延期或改期？为什么通知得这么晚？……

她是非常敬业的艺人，也像极了面临突发事件的我们。相比之下，只有 20 岁的他却很淡然。

旁人对他说："你独自承受压力的样子让我们很心疼。"

他说："我消化压力很快，因为我知道，困难总会解决的，一切都会变好的。"

许多事在当下本来就没有解决方法，抱怨和狂躁都无济于事，急没有用，只能等。

等，不是消极怠工，是内心的相信和安宁。

所有处变不惊，不过是对时间的敬畏。

这一点，越早想明白越好。

所以女嘉宾对他说："你比我成熟。"

从前在辩论队，我们队长说过一句话："现在困扰你的事，放到 5 年后再看，还重要吗？"

如果可以时刻保持这种思维，在最痛苦、最焦虑的境地，想象这件事被搁置 5 年，用那时的心态回头看，许多事都想开了。

风物长宜放眼量。

03 停下来，是为了更好地出发

我认识一个男孩，他谈过几次恋爱，每次都全情投入——认识一周就展开追求，相处两三个月，发现三观不合、性格不合……处不来又分不掉，各自消耗，鸡飞狗跳好多年，最终变得疲惫不堪，还是与恋人一拍两散。

如果可以慢慢相识，慢慢相处，或许能早早发现不合适，即便做朋友，也不至于将曾经的心动变成老死不相往来。

年轻人总是不愿等待，看剧要倍速，减肥要速成，外卖要半小时达，写文章要追热点。在这个时代，慢下来很难。

所以我们迷恋乡间生活博主，花整个四季酿一罐酒；我们喜欢《少年时代》，拍摄 12 年，不更换任何演员，只为捕捉小男孩梅森最真实的“少年时代”。

这是时间的杰作。

正如我的腿伤，尽管没缝合，没用药，只静静地等它痊愈，过了半个多月，那么深的伤口竟也自然闭合，长出了新的皮肤。

回首向来处，那些曾以为抚不平的心口褶皱、过不去的深渊坎坷，停下来，等一等，其实也都过去了。

我很喜欢一个词，叫“年深月久”。

咬咬牙，挺过去，总能守得云开见月明。

《熊镇》里有这样一段话：

所有成人，都经历过内心无力的日子。当我们不再知道自己一直努力奋斗究竟是为了什么，当现实和日常生活将我们埋葬，我们纳闷着自己究竟还能挺多久。奇妙的是，我们在这种状态下撑过的时间比我们想象的要长，而且我们不会崩溃。只是，可怕的一点在于：我们从来无法确切地知道自己能挺多久。

如果你正陷在人生的泥潭中，别怕，给自己一点儿时间，允许一切发生，它会给你最好的答案。

停下来，是为了更好地出发。

人生路上遇到的每一个困局，皆如是。

知足常足，知止常止

疫情防控期间，我做了一件很了不起的事：对我周遭的所有“领土”进行了一番断舍离。

我从大学开始接触断舍离。

大二时，扔掉陪我跨越“八千里路云和月”的日记本、一大箱连楼下垃圾桶都快装不下的旧物。

对我而言，这算得上一个里程碑式的事件。

我也因此同紧绷的、压抑的少女时代切割，完成一场决然的了断与告别。

时隔多年，重新学习断舍离，生出许多全新的体验和心得，迫不及待地想要与诸君分享。

01 断舍离是流动，是新陈代谢

从前以为，断舍离即极简，是将生活简化到极致，繁杂物品悉数扔去，只保留必需品，却压缩了审美的需求。

其实断舍离并非舍弃一切，断舍离的根本是“流动”，是生命的交替，是新陈代谢。

比如衣裳、厨具、化妆品，它们各有寿命，不是拒绝消费，而是精简那些“囤积”的杂物，扔掉那些“将来可能会用到”的物品。

仅以当下的需求为着眼点，允许物品短缺时，再添新品进来。短的只用一季，长则两三年，自然而然地淘汰，之后再更新换代。

新陈代谢也是大自然的规律，是符合生命流动的永恒奥义。

只谈舍弃，不讲更新、迭代，不是真正的断舍离。

除却物品，我们的许多观念和陈规也应当不断被革新，允许新鲜思维输入，让思想也流动起来。淘汰某些不符合当下潮流的偏见和执念，才是一个永远鲜活、永远年轻的人，是真正拥有生命力的、奔涌的“后浪”。

02 整理家务，就是清扫内心的过程

有这样一个很形象的比喻。

那些超市打折时顺手买回的物什、不知何时留存的友人赠礼、单位发放的节日慰问品……你不记得它们何年何月来到你家，不记得它们在哪儿“高就”，随手堆在看不见的角落里，落满尘埃，就像家里住着许多“陌生的大叔”。

它们拥堵在房间的各个角落，把你的精神空间也塞得满满当当。劳累一天，回到本应放松休憩的家，却更加疲惫与窒息。

身是菩提树，心如明镜台。
时时勤拂拭，勿使惹尘埃。

所有外物都是精神世界的投射，整理家务，就是清扫内心的过程。

几年前，我正处在工作最辛苦、精神压力最大的时期，那时我疯狂购物：衣裳多得根本穿不过来；护肤品的瓶瓶罐罐摆满梳妆台，有些从购入到过期，竟从未拆封。

想来大约是精神上不愉悦、不畅快，才会想方设法从外界攫取，以物欲的满足来填补内心的空虚。

真正践行断舍离，不仅使居住空间变得开阔，也使思想变得不再拥挤，人际关系也随之理顺。

趁居家隔离有闲暇，我时常整理房间。

花一个午后清理一个储物箱，花周末中的一天清理整个衣柜，送走许多“陌生的大叔”，倍感轻松。

2020 年原本开局不利，生了两次大病，隆冬时心口像摞了一块巨石，忧郁寡欢。

断舍离之后的 4 月，一切向好，再无“剪不断，理还乱”的复杂。这让我感到清清爽爽，轻装上阵。

03 “先出后进”，亲密关系亦如此

断舍离作为一门学问，不仅有理念，还有许多具体的实践方法，我最受益的是“one out，one in（先出后进）”的处置方式。

添置新物前，先淘汰旧物，腾出空间再安置新品。

总量控制，不致积压，也使物品循环流动，富有生命力。

我想，这种断舍离法则，也同样适用于人际关系，尤其是亲密关系。

现代社会的爱情观有明显趋利避害的倾向——许多人守着一段不如意的亲密关系，当断不断，骑驴找马，想着“找好下家再撒手”。

但无数事实证明，在了断旧情之前开始有新欢，只会让自己陷入更大的矛盾和痛苦中。

若要避免陷入纠缠的困境，顺序要对。

毕竟想过好这一生，需要很多的智慧和很大的格局，而想过成一团乱麻，只需要一点点的贪心和愚蠢就足够。

在此分享一句我的人生信条："君子不立于危墙之下，哪怕墙边有堆成山的钻石。"

04 人生不必负重前行

经年之后再次践行断舍离，我对理论有了新的认知。

从前只是单纯丢弃，如今却会重新审视所谓的"无用之物"，废物利用，旧物新用，再没有比这更大的乐趣。

我想，"好好利用"或许比"直接扔掉"更加接近断舍离的本质。

让这些被忘却的事物重新回到我们身边，寻找"对无用之物不痴缠"和"惜物之心"之间的平衡，也很重要。

尤其是那些曾寄予美好情感的物品，与其漠然扔掉，不如物尽其用。断舍离是为断掉杂物，但许多物品，原本不应只是杂物。

这也让我们在冷静的理性中，重拾一点温情，如同重新爱上身边那个在经年相处中渐渐厌倦的人。

特殊时期，每个人都拥有了漫长的时光与自己相处，不如放过自己，珍视自己，与自己和解。

没必要的人、事、物，脑海中过不去的执念，该放手，就放手吧。

知足常足，知止常止。佛曰：勘破，放下，自在。

人生不必负重前行。

世界很喧嚣，做自己就好

一位纪录片导演花两年时间，将视角“从庙堂转向江湖”，记录小人物的命运，新拍摄的纪录片的片名中，有“一百年”的字眼。

关于片名，导演说：“一百年，几乎是人生命的极限。或长或短的人生，应当如何度过？或许我们需要一个理由，让自己勇敢一点儿。支撑我们一路走来的，终究不过一个爱的人，或是一件爱的事。”

媒体的推荐语是：“一百年很长吗？只有用力活过的人才知道答案。”

在凛冽的夜色里，我走进影院，终于解锁“一个人看电影”

的孤独等级。

看简介时，我料想可能会流泪，但其实多数时候在笑。

它不渲染情绪，只是讲述。笑和泪，喜与悲，皆真实。

像这场生活，辛苦固然多，却总有充满幸福的彩蛋。

01 现实中的人，谁愿为爱舍近求远

黄生，一个黑黑瘦瘦的二十六岁男孩，在佛山打拼十年，从小工做到包工头，挣点儿辛苦钱。

破旧的出租屋里，他弹吉他，对女友唱：“没有钱，我也没有房，只有一个，有要求的丈母娘。”

女孩意外怀孕，催他打电话，向自己的父亲提亲。

父亲拒不见面：“学历没有，钱也没有，人还长成这个样子，般配吗？”

女孩哭道：“我希望得到你们的祝福，为什么不给他一个机会认识一下？总不能用外在条件全部否定一个人。”

黄生备受打击，说：“我自己挣钱，用汗水养活自己、

照顾父母、在这个城市立足，为什么没有资格追求爱情呢？”

现实中的人，谁愿为爱舍近求远？

02 世界很喧嚣，做自己就好

日子刚刚好转，磨难接踵而至。

他们的小孩被查出患有先天性心脏病，因情况严重，立刻做了手术。

“我们一直被命运推着走，结婚，生孩子，没有一步轻松容易。”

生下小孩，妻子流泪，黄生也流泪。

他一次次低声下气地催工程尾款，筹钱给孩子治病。

最艰难时，他唱《海阔天空》：“原谅我这一生不羁放纵爱自由，也会怕有一天会跌倒，背弃了理想谁人都可以，哪会怕有一天只你共我。”

回到出租屋，厕所门破了个大窟窿，妻子一边找了一个快递袋，让黄生拿去补门，一边问道：“我们怎么这么可怜呢？”

问完，她笑了，一时竟有些心酸。

她应该很爱黄生吧。

妈妈问她为什么这样执拗，她说："就是遇到了呀，就是遇到了。"

如果没有遇到呢？或许嫁给门当户对的小伙子，不必在贫穷窘迫里摸爬滚打。

可是遇到了。

人生短短一百年，短到来不及遇见，来不及深爱，来不及坚持，来不及勇敢，就匆匆结束。

黄生夫妇是不幸的，孩子患有先天重疾；但他们也是幸运的——茫茫人海，能遇见甘愿执手此生的彼此。义无反顾地结婚，坚持生下患病的孩子，努力凑钱治病，这就是他们对宿命的对抗。

在无情的命运面前，每个人都是弱者，却因有了彼此，变成无坚不摧的勇士。

影片结尾，黄生凑齐了手术费，孩子手术成功，他和妻子也补办了婚礼。

婚礼现场，他穿着新郎服，还表演了一段舞狮。

隔着荧幕，我想对他说：世界很喧嚣，做自己就好。

03 珍惜所得

从生到死，不过百年，何必为琐屑的小事伤心烦恼，为旁人的眼光坐立难安。无须为名为利奔命挣扎，更不必放弃心底的热望。

做好一个让自己满意、安心、快乐的普通人，已经很难很难了。

如果有幸遇见情之所钟的人、事、物，请不要轻易放弃。珍惜所得。

一百年很长吗？

短得像呼吸，长得像拥抱。

只有用力活过、爱过、坚持过的人，才知道答案。

让自己开心，才是一生浪漫的开始

01 不完美，才美

最近看了一则访谈，很有感触。两个女演员，分享“不想做一朵花，想做一片绿叶”的想法。她们说，叶子更细腻，更强韧，不争不抢，可以轻轻柔柔，也可以很有重量，可以静静地、稳稳地存在。

或许每个女孩都经历过这样的蜕变：从前，想变成花，变成焦点，想被世界看见，去拼去抢，争奇斗妍，一味迎合世俗标准；后来逐渐成熟，能从容平和地自我欣赏，不急于证明自己，只是默默地等待被看见。

这是一条很长很长的自我修行之路。

短片里，女演员落泪说道："从前一直觉得自己不好看，但是我对自己说，不要担心，总有一天你会变得很漂亮。"

青春期的女孩大都迷惘，不断自我怀疑、自卑，觉得自己不够瘦、不够白、不够美，于是疯狂减肥、美容，感受到的来自外界的伤害往往也加倍。

而成长最重要的是，学会接纳自己的不完美，坦然地拥抱全部，拥抱真实，然后在真实的样貌里，看见最闪耀的东西。

我们都是独立的个体，自己和他人同在，承认每个人有不同的生活方式，有各自盛开的花期与美丽，就不会那样辛苦。

在人生这场长跑中，每个人都有自己的步程。有的人 20 岁结婚，30 岁又离婚，而有的人 40 岁依然单身，后来却找到了一生的幸福。正如《无问西东》的台词："愿你在被打击时，记起你的珍贵，抵抗恶意。愿你在迷茫时，坚信你的珍贵。爱你所爱，行你所行，听从你心，无问西东。"

不必讨好世界，不要活在"被比较"的框架之下，不为旁人的眼光和舌尖所累，只取悦自己。

稳稳地，静静地，默默地，不争不显，不疾不徐。

你的努力，你的热爱，终有一天会被看见。

让自己开心，才是一生浪漫的开始。

02 过好每一天，就是普通人的英雄主义

前几天看到一则新闻，观者无不嘴角上扬：一位中年大叔蹦蹦跳跳地下班。画面上的他是那么快乐，仿佛生活的风雨从不曾落在他的肩头。

这位被网友称为“快乐大叔”的师傅，其实过得并不轻松。

他是木工，高强度的体力活儿自不必说。他住在集装箱式的工地宿舍，宿舍里几百个工人聚集，又乱又破；他每天清晨 5 点起床，穿梭在钢筋、钢管中，工服上都是破洞，几乎没有一件是完整的；为了多赚一点儿钱，只要有加班机会他就去，工作量不比 20 出头的年轻小伙子少。

蹦蹦跳跳的这一天，只是稀松平常的一天，没有发奖金，没有中彩票，他只是觉得下班了，很轻松，很开心，蹦出了

生命应有的喜悦。

生活之美，不是不知生活艰辛，而是知其艰辛，依然轻装上阵，从容前行。

“快乐大叔”说，人这一辈子哪有不辛苦，再苦再累，开心点儿就蛮好。

在艰难的岁月里淘到快乐，就是我们平凡人的惊天动地，是我们看清世界的真相之后，依然热爱生活的英雄主义。

03 活在当下，是快乐的源头

很喜欢这样一则寓言。

小和尚问师父：“师父，您得道之前每天做什么？”

师父说：“砍柴、挑水、做饭。”

小和尚又问：“得道之后呢？”

师父答：“砍柴、挑水、做饭。”

小和尚非常困惑：“那得道前后有何区别？”

师父说：“得道前，砍柴的时候想着挑水，挑水的时候想着做饭；而得道后，砍柴是砍柴，挑水是挑水，做饭是做饭。”

很多时候，我们不开心，都是因为无法活在当下，装着太多心事，要么焦虑未来，要么后悔过去，而许多困扰，皆因想得太多，做得太少。

与其临渊羡鱼，不如退而结网。

一位博物馆创办人曾说，当代年轻人普遍焦虑，应该学会减压。减压就是减事，一次只做一件事，不无限制地堆积，只把这件事做到极致。

关注眼前，好好经营此时此刻，让自己充实而快乐。快乐不是虚无缥缈的、抽象的，而是具体的，是脚踏实地，如果你不知道怎样才能保持愉悦，不妨坚持去做一些悦己的小事。

睡觉前花10分钟自我反省，回顾今天，总结今天，用自省把自己变得更加理智成熟；去旅行，走出狭窄的生活圈，去陌生之处欣赏未知的风景，谁知会有怎样的惊喜等在前方；远离伤害你的人，果断说“不”，切勿当断不断，长久痴缠；随时记录美好时光，拍照片，写日记，录视频，日复一日的记录总有一天会治愈你，点燃快乐的回忆；去读书，去认识不同领域的新朋友，花时间回家陪伴父母……

只要你对生活用了心，它一定会报答你。

让自己快乐是一种高级的能力，我想你也值得拥有。

我决定选择自己的命运

01 做自己，去做热爱的事

整理旧物，在中学笔记本上，发现了在遥远的少女时代手抄的一段话：

Don't let the noise of other people's opinions drown out your own inner voice. And the most important, have the courage to follow your heart and intuition. They somehow already know what you truly want to become. Everything else is secondary.（不要被他人意见所左右，最重要的是敢于跟从

你的内心和直觉。它们知道你真正想成为谁，其他的都不重要。)

过去半年，我的内心一直处在紧张激烈的挣扎中，“内在自我”疯狂冒头，寻求平衡和自洽。

看到少时笔迹，恍然很感动。

“做自己”，听起来很宽泛，具体落地，大约是不随大流，只做自己真正喜欢的事。

心理学有一个概念，叫“心流”。当你全情投入做一件热爱的事时，就会进入心流状态。在这种状态中，你全然忘我，废寝忘食；完成这件事后，你的心灵能获得高度的幸福感和充实感。

如果我们总能进入心流状态，就会拥有更多幸福的体验。

写作时，我常进入心流状态。

高强度地密集写作，始于高考之后。

10 年间，平均下来，每月至少有 5 个夜晚在通宵写作。

平常日子里，我较少熬夜，晚上 10 点一到，手机和身体就自动休眠。但只要灵感迸发，提笔写文，就不知不觉到东方既白。熬完夜我仍感到精神矍铄，痛快淋漓。

我想这是心流的力量，通俗地讲，是热爱的力量。

热爱之外，有主业，有家庭，辛苦确实是辛苦。

写作于我而言，没有 KPI（关键绩效指标），我也不以此为生，却心甘情愿常年点灯熬油，因为这是我“做自己”的选择，一旦放弃，就很难再找到热爱、专注和幸福了。

对那些选择所爱的人而言，时间是祝福；反之，时间就是诅咒。

活一生，是在热爱的事业中时光飞逝，还是在麻木与厌倦中度日如年？

选择权在你。

02 从小事开始，为自己做决定

如果你一直在跟随主流，没有听从内心做过选择，那么你可以从小事开始，为自己做决定。

朋友聚餐，不再说“随便”，对每一餐饭负责，选择喜欢且健康的餐厅和食物。人一生能吃进肚子的食物是有限的，不能为了充饥，什么都往肚子里填，谨慎选择每一口入口的食物，确保它们都是你喜欢的、有益的。

不合适的衣裤立即处理，彼此消耗的恋人不再拖着，浪费生命的工作趁早丢掉……

你在不喜欢的人、事、物上多花 1 分钟，想过的生活就会晚到一点儿。

小事“随便”，大事就失去了决断的能力，放弃每一次选择，人生就只剩下“命定”。

如果你一直在为别人而活，从今天开始做自己想做的事，来得及。

人生没有太晚的开始，怕的是永不开始。

我还有许多渴望，想要读博，想要留学，想要在 30 岁后回到家乡发展，陪在父母身边。我不清楚这些是否会被世俗所接受，但我知道，我想要它，现在做的每件事都是在积蓄力量，为了圆梦。

我想你也一样。别忘记那个心底浅浅的呼唤，如果你总选择忽视，它可能就真的静默了。

成为热烈的、丰盈的、充满生命力的个体，不要麻木不仁，不要苟且偷安，不要“20 多岁就死了，70 多岁才埋”。

过不紧绷松弛的人生

后记

你 38 岁，在公司整 10 年。

部门新人一脸青涩，有点怯怯，有点期许，你仿佛看到曾经的自己，轻声叹了口气。

顶头女上司大你 2 岁，很拼，很专业，也很凶。

刚入公司时，你敬服她，也怕她，常因做错事被批评，默默掉泪。有时，你觉得自己没有做错，却依然被训，心里的委屈泛滥成灾。

那时的你很拼，可是每到月底算绩效时，总会被少算一些，而同部门的另一个女生，却总能获得意外的垂青。起初，你去找领导评理，后来也不大在意了。

渐渐地，你不像原来那么努力。工资不高不低，工作消磨掉许多激情。

你觉得，适当努力就好，最重要的是保全自己。

突然有一天，你发现一个根本不熟的同事拉黑了你，你想起曾经帮她凑过报销的发票，心里很是悲凉。

你的老公从事技术工作，工作环境简单，除了消耗脑细胞，没那么多烦心事。

你跟他吐槽公司人际关系复杂、工作疲累且不开心、收入低。

他说，那就换工作啊。

你失眠了。

你有点后悔，毕业时为什么没选择一个“风口”行业，现在转行，又比不上“新鲜出炉”的“00后”，已经太晚了。

你安慰自己，其实现在也还好，毕竟工作驾轻就熟，老板也对你印象不错，跳槽代价那么大，一切从零开始，不值当。

想到这里，你关了电脑，准备回家。家里，还有堆积如山的衣服等着你洗，孩子的作业还没检查。

你 28 岁，周围催婚、催生、催二胎的亲朋好友日常“在线”，每逢过年过节，简直是一场灾难。

你犹豫，也挣扎：是否结婚？生不生娃？每次都选择“再等等”。

你其实也着急，可是没车没房，拿什么结婚？拿什么养娃？

一个闺蜜嫁了北京当地人，房不用愁，买辆价格不菲的车，约你和你的男友周末自驾游。你有点说不出口的勉强。

另一个闺蜜，和“小鲜肉”结了婚。两人都不是胸怀大志的人，说好了一辈子不买房、不买车，全部收入用来吃喝玩乐，倒也开心。

可你的人生，却左右为难。

和男友相处到第五个年头，他不再送花，你们很少去电影院，纪念日也不再去西餐厅。你中意的口红和裙子，他总是皱着眉，说：“家里不是还有很多吗？我们要买房，过日子不能太大手大脚。”

你自问：“或许没那么喜欢身边的他？”

但你又安慰自己：年纪不小了，又一起生活了那么久。

跟谁在一起，还不是一样？而且现在分手，摇身一变成大龄“剩女”，一切真的都晚了。

你深深恐惧“被同龄人抛弃”。

“我已经不是 18 岁的小姑娘了，我没有资本从头开始。”你给闺蜜发了一条短信，3 个月后，你结了婚。

22 岁，你刚毕业，懵懵懂懂地从大学校园迈入社会。

学了一个被称为“万金油”的专业，似乎什么都能做，又似乎什么都不大合适。

听说互联网行业很热门，可你不懂什么是“运营”，什么是“产品”，什么是“策划”，只能根据百度百科和知乎、微博上的解释，连蒙带猜地投了无数简历，面试了不少岗位，终于进了一家尚可的公司，薪水微薄。

你安慰自己，第一份工作，能经济独立、不依赖父母已经很好了。

秋招已经错过，春招也进入尾声，再等，就太晚了。也许明天，明天就会前途无限。

表姐给你介绍男友——一个程序员，你第一眼看到他就没什么感觉，但身边的闺蜜都有了伴，你想：“试一下或许也行。”

年龄不等人，错过了女生的黄金年华，就又晚了。

微博上有一个段子，问 90 岁的奶奶最后悔的事是什么。

奶奶说：“60 岁的时候，想学小提琴，觉得有点晚了，就没有学。如果那时开始学，现在已经演奏 30 年了。”

看过一句话：“人生最大的壁垒就在我们的头脑中，因为我们强加设限，才让自己裹足不前。”

其实你人生所有的不开心，都败在了给自己设限，败在那句“太晚了”。

你总觉得为时已晚，可你不知道，人生从来没有太晚的开始，将就的人生，根本不值得一过。

央视“名嘴”敬一丹，33 岁才进入中央电视台担任节目主持人，此时她已不算年轻，但她从不觉得“为时已晚”，而是永远抱有学习和进取的热情，主持《焦点访谈》《东方时空》等家喻户晓的栏目，蝉联三届金话筒奖。

人真正的衰老，就是从“认命”开始。我最喜欢的人生态度，是“前半生不要怕，后半生不要悔”。

如果你刚刚毕业，不要害怕选择自己喜欢的职业，哪怕春招已经结束，只要你打定主意不将就，就没有任何人能强迫你做不喜欢的事。

如果你不爱他，不要害怕放弃，因为一段低质量的感情只会让你更加精疲力竭。年轻人更应学会的是及时止损，此生不怕重头来。

如果你工作不开心，没成长，不要害怕做出改变，只有你开始渴望星辰大海，你的未来才可能更加辽阔。

种一棵树，最好的时间是10年前，其次，就是现在。

借我一个暮年，

借我碎片，

借我瞻前与顾后，

借我执拗如少年。

借我后天长成的先天，

借我变如不曾改变。

借我素淡的世故和明白的愚，

借我可预知的险。

借我悲怆的磊落，

借我温软的鲁莽和玩笑的庄严。

借我最初与最终的不敢，借我不言而喻的不见。

借我一场秋啊，可你说这已是冬天。

——樊小纯《借我》

写这本书时，恰逢疫情第三年，就业市场坠入寒冬，我28岁，裸辞。

在人类巨大的灾难面前，我开始审视我的渴望与热忱，而不仅是银行卡里的余额数字和房产证的建筑面积；我学会给周边喧嚣的世界降噪，静静聆听内心深处的声音，不再焦虑、内耗、攀比；我坦然面对得失，接受自己的不完美，允许一切风霜雨露在生命里降临。

我看到生命是那样脆弱，生离死别往往只在一瞬间。何其短暂的一生，不该被那些细细碎碎的“将就”盛满。

面对那些让你疼痛、无助、愤懑、羞赧的人和事，及时止损。

去过一种经过选择和审视的人生，松弛、悦纳、不紧绷，更重要的是，一种无论何时死去，都不后悔的人生。

永志不忘，小姑娘。

李梦霁

2022 年初冬，于天津